PETER GRUBER

# Phil & Sophia entdecken die **FREUDE**

## Eine Erzählung über **DIE GUTE ARBEIT**

(((echomedia
BUCHVERLAG

Impressum:
ISBN: 979-3-903989-14-6
© 2021 echomedia buchverlag
echo medienhaus ges.m.b.h.
Media Quarter Marx 3.2
A-1030 Wien, Maria-Jacobi-Gasse 1
Alle Rechte vorbehalten
Produktion: Ilse Helmreich
Layout: Elisabeth Waidhofer
Lektorat: Regina Moshammer
Illustrationen: Mag. Markus Murlasits
Cover Background: Johann Berger und Giovanni Corsaro
Herstellungsort: Wien

Besuchen Sie uns im Internet:
www.echomedia-buch.at

# *Inhalt*

*In einem freudlosen Unternehmen ist man abends müde und leer.*

*In einem freudvollen Unternehmen ist man abends auch müde, jedoch erfüllt.*

# Gedanken über das Gute

## Vorwort von Univ.-Prof. DDr. Johannes Huber

Zu den beeindruckendsten Fresken Raffaels gehört „Die Schule von Athen". In dem sieben Meter großen Prachtfresko sind die Gelehrten der alten Welt verewigt. Die beiden dominierenden Gestalten des gewaltigen Opus treten im Hintergrund aus einem triumphalen Bogen heraus – Platon und Aristoteles. Während Letzterer seine „Ethik" in der Hand hat und mit der anderen Hand auf die Erde zeigt, richtet sich die eine Hand Platons nach oben, die andere trägt sein programmatisches Werk „Timaios", das die Erschaffung der Welt durch den Demiurgen erzählt:

*Das Geschöpf des Weltenbaumeisters muss das Werk seines Schöpfers erst vollenden.*

Diesen Gedanken, der wie eine gedankliche Stafette bis zur Jetztzeit weitergetragen wurde, griff in der Renaissance 1486 der damals 23-jährige Universalgelehrte Pico della Mirandola auf – in seiner „Rede über die Würde des Menschen", die Jacob Burckhardt als eines der nobelsten Dokumente jener Zeit charakterisierte.

In dieser Rede lässt der Autor den schaffenden Gott zu seinem Geschöpf Adam auf die ungewöhnlichste Weise sprechen: Weil er alles Verfügbare bereits über die übrigen Wesenheiten verteilt hatte und für den

Menschen keine Qualifikationen mehr übrig waren, ruft er ihn dazu auf, gleichsam sein eigener Bildhauer und Erfinder (plastes et fictor) zu werden, um durch freie Selbstwahl und Selbstausbildung seinen Rang und Ort im Universum der Kreaturen zu bestimmen und die Regeln für das Zusammenleben mit allen anderen Geschöpfen selbst in die Hand zu nehmen.

Man kann die Bemühungen und Inspirationen von Peter Gruber linear in dieser Tradition erkennen:

Der Autor richtet einen seiner inneren Blicke auch auf den Arbeitsplatz: einen Arbeitsplatz mit den Charakteristika Gemeinschaft, Zusammenhalt, Vertrauen, Ehrlichkeit und Aufrichtigkeit, Arbeiten im rechten Maß und in Würde sowie gegenseitigem Ermutigen. Sie sollen die Basis bilden, um mit Fehlern, Kritik und Konflikten menschlicher miteinander umzugehen. Es liegt im Wesen des Menschen, dass er ein gutes Leben führen will, nicht nur im Privaten, sondern auch im Beruf. Für Aristoteles war das Glücklichsein das übergeordnete Ziel unseres Lebens. Es ist erreichbar, wenn wir uns von der schlimmsten Form der Sklaverei befreien, von der Unfreiheit durch unsere Begierden. Wenn wir Herr oder Frau im eigenen Haus sind.

Diesen gedanklichen Ball nahm der Philosoph und Kirchenlehrer Thomas von Aquin (1225–1274) später wieder auf: Die persönliche Unabhängigkeit ist eine Frucht der Bereitschaft, sich selber in die Pflicht zu nehmen. Eine Frucht der persönlichen Reife. Er formuliert es so: Freiheit ist ein „steigender Selbstbesitz". Frei werden bedeutet, sich selber besitzen zu lernen. Um eines Tages so zu handeln, wie man es wirklich will und vernünftig findet, statt nur den eigenen Antrieben zwischen Angst und Lust zu folgen.

In dem vorliegenden Buch werden Sie dem „Aristotle Project" begegnen, das uns beweist, dass Menschen dann gut miteinander arbeiten, wenn sie in *Psychological Safety* arbeiten können, mit *Emotional Communication* und *Empathie.* Das sind die Schlüsselfaktoren für eine gute Teamarbeit. Es ist mittlerweile auch wissenschaftlich belegt, dass Kooperation mehr Wachstum erzeugt als destruktive Konkurrenz. Wenn wir wollen, dass Menschen Leistung erbringen, so installieren wir ein Klima der Kooperation.

Dabei wird Dopamin ausgeschüttet, das Handlungs- und Glückshormon. Gut sein lohnt sich auch für eine innere Balance: Es enthebt vom vermeintlichen Zwang, auf Aggression mit Aggression reagieren zu müssen, auf Böses mit Bösem. Die Bösen wissen nicht, was sie sich selbst antun. Böse Taten schaden uns selbst. Gut sein schafft eine ausgleichende Gerechtigkeit: Gute Taten nützen und stärken uns. Gut sein führt uns in die Grundstimmung der Freude – die Basis für das Gipfelerlebnis Glück. Es ist tagtäglich eine Herausforderung, zu den Guten zu gehören.

Es war Peter Sloterdijk, der darauf hingewiesen hat: Dieser Planet ist einer der Askese, einer der Einübung in die Tugend. Er ist dazu da, uns weiterzuentwickeln, damit wir auf eine höhere Ebene gelangen, uns also darin zu üben, bessere Menschen zu werden. Genau wie wir Trainingsprogramme für den Körper und den Geist erstellen, können wir auch welche für die Seele erstellen. Wir können die Vorteile des Gutseins dann lukrieren, wenn wir unser Gutsein regelmäßig trainieren. Wer etwas Gutes für andere tut, fühlt sich selbst besser. Diejenigen, denen ich Stütze bin, geben mir Halt.

Corona und Klimawandel zeigen, dass wir die großen Aufgaben als Menschheit nur lösen können, wenn wir „gut" sind, gut zu den Mitmenschen, gut zu anderen Wesen und gut zum Planeten selbst. Weshalb gut zu sein im genannten breiteren Sinn vielleicht künftig auch einen höheren sozialen Stellenwert erhalten wird. Dopamin wird ausgeschüttet, wenn wir füreinander da sind. Das wiegt uns in einem Gefühl von Schutz, Geborgenheit und Sicherheit. Gut zu sein darf kein Trend sein, mit dem sich manche Gruppen schmücken. Es muss aus uns selbst kommen. Als Entscheidung. Aus Überzeugung. Wir müssen in uns gehen und üben, üben, üben – wie die Philharmoniker, die ihre Übungsstätte unweit von meiner Ordination haben. Und Peter Gruber wohnt und arbeitet in ebendieser Straße des Musikvereins, der Bösendorferstraße.

Uns Europäern gesteht unser Weltbild die einmalige Chance zu, unsere Emotionen weniger durch äußeren Zwang zügeln zu lernen als aus innerer Überzeugung. Wir können unseren Charakter individuell bilden, uns selbst veredeln. Wollen wir gute Menschen oder nur gehorsame? Das ist der zentrale Unterschied zwischen Europa und China. Gut sein gemäß einer eigenen Vision von sich selbst und durch eigene Erkenntnis versus gut sein nach einem staatlichen Muster mit staatlichem Zwang.

Die Frage stellt sich aber auch zunehmend in Europa: Will der Staat das Gute für Gesellschaft und Umwelt autoritär verordnen – man lese nur die Parteiprogramme der im Herbst in Deutschland antretenden politischen Kräfte –, oder vertraut man auf den eigenen „Demiurgen" in uns?

Es besteht der dringende Bedarf an besseren Menschen – aber nicht an verordneten, sondern an freiwillig an sich selbst Bauenden: Wir müssen uns im Füreinanderdasein üben, im Ermutigen, im Kooperieren. Kooperation ist die einzige Verhaltensweise, die nachhaltig zum Erfolg führt. Wir üben uns in allem, nicht so sehr jedoch in uns selbst. Wir mögen es nicht, dieses Üben unseres Charakters. Charakterfitness ist jedoch der goldene Schlüssel für ein gutes Leben. Wir brauchen Klimmzüge für eine bessere Gesinnung. Liegestütze für den Frohsinn und ein Ergometer für die inneren Werte. Wir sollen die Kraft der Wiederholung nützen, um Werte im Alltag praktisch einzuüben, durch ständige Arbeit an uns selbst, die zu Selbsterkenntnis und einem menschlichen Verhalten führt. Die Epigenetik und die Endokrinologie – die Wissenschaft von den Hormondrüsen – haben uns gezeigt, wie wir kraft unseres Willens bessere Menschen werden und sogar unsere Bio- und Neurochemie ändern können. Unser Planet ist ein Trainingsplanet des Charakters. Einfache Mittel: Wir können den ersten Impulsen widerstehen, unsere Gedanken entgiften, indem wir uns einer Vertrauensperson mitteilen. Wir können uns in der Kunst des Nachgebens und des Kompromisses üben. Wir brauchen für all das Selbstreflexion. Der Philosoph Peter Sloterdijk schrieb einmal: „Was ich als den Hauptgegenstand der Philosophie und der Psychologie bezeichne, ist der Träger einer Reihe von Übungen, die die Persönlichkeit bilden."

Da gibt es aber immer wieder Zweifler, die mit dem moralisierenden Gutsein hadern und es eigentlich auch nur als inneren Egoismus – verborgen unter dem Überkleid des Gutmenschen – zu entdecken glauben; dafür hätte ich aber eine Antwort parat: In der Genesis berichtet der Hagiograph über die Erschaffung Adams: „Gott schuf ihn nach seinem Ebenbild." – „Nach seinem Ebenbild schuf Gott ihn", wiederholte der Antiphon. Wenn wir alle Kinder Gottes sind – und noch dazu nach seinem Ebenbild gemacht –, dann können wir untereinander nichts anderes, als eben miteinander gut zu sein. Aber diese Argumentation ist nur den religiös Musikalischen zugänglich.

*Viel Freude beim Lesen*
*Johannes Huber*

# Am Anfang war die Neugier.

Die Neugier von zwei jungen Beratern, einer Frau und einem Mann, die wissen wollten, ob es Unternehmen gibt, in denen die Mitarbeiterinnen und Mitarbeiter mit großer Freude arbeiten.

Sie waren seit einigen Jahren in einer Beratungsfirma tätig, die in schwierigen Situationen gerufen wurde – dann, wenn die Leistung nicht mehr erbracht wurde, wenn also die finanziellen Ergebnisse ausblieben. Meistens trugen sie mit ihrer Beratung dazu bei, dass nach ihrer Arbeit weniger Menschen in dem Unternehmen beschäftigt wurden als vorher. Kurzfristig funktionierte dieses Modell sogar, mit weniger Ressourcen auszukommen oder mit einer neuen Aufbau-Organisation zu arbeiten. Sie änderten dafür auch die Strukturen, teilten und trennten und zeichneten auf dem Papier neue Kästchen. Danach verließen sie und ihre Consulter-Kollegen das Unternehmen – und die so „Beratenen" versuchten nun, in der neuen Organisation die Prozesse zum Laufen zu bringen. „Wasser findet seinen Weg" – und bevorzugt die alten Wasserläufe. So geschieht es häufig, dass die Menschen weiterhin die altbekannten Wege „zwischen den neuen Kästchen des Organigramms" gehen. Unsere jungen Berater hörten dann auch, dass die Menschen die notwendige Leistung nicht mehr so gerne erbrachten wie vor den ergriffenen Maßnahmen.

Die beiden jungen Berater wollten wissen, ob es möglich ist, trotz einschneidender Maßnahmen mit Freude und Spaß weiterzuarbeiten. Und wenn ja, wollten sie wissen, *wie* das geht – was die *Key Factors for Success* sind, die „Schlüsselfaktoren des Erfolges".

Nachdem sie beschlossen hatten, den „Stein der Weisen" zu finden, hörten sie sich um, wo es „glückliche Menschen" gäbe. Sie waren wachsam, hatten ihre Sensoren ausgefahren. Sie suchten in den einschlägigen Zeitschriften, im World Wide Web, in Trainingsangeboten. Ihnen begegneten zahlreiche „Weisheiten", wie Menschen andere Menschen führen sollten, auch wie man sich selbst führen sollte. Das Angebot war beinahe unendlich groß. Zu groß.

Bald sahen sie den Wald vor läuter Bäumen nicht mehr.

Immer wieder tauchte das Wort *Unternehmenskultur* auf. Immer wieder auch der Hinweis auf diese *Soft Facts.* Es gab mitunter auch einzelne Hinweise, was zu tun ist, damit es den Menschen, trotz hoher Leistung, gut geht. Für Einzelne, auch für Teams erhielten sie „Tipps und Tricks", Theorien, Modelle – nie jedoch dafür, dass es allen gut ging.

Sie hatten sich in den Kopf gesetzt, die Grundmuster für alle zu finden.

Bei ihrer Suche hatten sie den Flashmob vor Augen und im Ohr, der in einer großen Bahnhofshalle aufgeführt worden war und bei dem die „Ode an die Freude" inszeniert worden war: „Alle Menschen werden Brüder …".

Es musste sie doch geben, die gelebte „Ode an die Freude". Wenn es selbst Beethoven wichtig gewesen war, zu den Worten Schillers eine große Hymne zu komponieren. Und wenn Dutzende Menschen 200 Jahre später in einem Bahnhof mit Inbrunst diese Hymne gesungen hatten.

Auf ihrer Suche begegneten sie Unternehmen, die auch als beste Arbeitgeber ausgezeichnet worden waren. Auch einige ihrer Kunden waren darunter. Und da hörten sie, dass manche Mitarbeitende sich über diese Auszeichnung wunderten. Sie wunderten sich, weil sie in Konfliktfeldern nicht gut miteinander umgingen, auch das gegenseitige Kritisieren immer wieder zu Verletzungen führte. Dem „rechten Maß" wurde nicht die nötige Aufmerksamkeit geschenkt. Und es wurde auch nicht festgestellt, ob die Menschen zueinander aufrichtig waren. Mitunter hatte man den Eindruck, dass der Lieblingssport das Ausrichten anderer, die nicht anwesend waren, wäre.

Unsere jungen Berater meinten, zu erkennen, dass sie mit den bisherigen Recherche-Methoden der Weisheit letzten Schluss eher nicht oder nur zufällig finden würden.

Und so kam der Zufall ins Spiel – den es wohl gar nicht gibt. Ihre Kolleginnen und Kollegen wussten um die – von vielen belächelte – „Abenteuerreise" auf der Suche nach dem Unternehmen, in das die Menschen sogar am Montagmorgen gerne hineingingen. Und wie es beim Fischen mit einem großen Netz so ist: Irgendwann blieb der „große Fisch" darin hängen.

Eine Kollegin unserer „jungen Suchenden" hatte eine Freundin, die beim Erzählen über ihre Arbeit geradezu ins Schwärmen geriet. Es klang so wenig glaubhaft wie hoch begeistert. Wie der Zufall es so wollte, war dieses Unternehmen im selben Quartier und nur einige Blocks entfernt von dem Gebäude, in dem die Beratungsfirma unserer Suchenden ihren Sitz hatte. ... Das Gute liegt so nah. So hofften sie zumindest, obwohl von Zweifeln beherrscht. Sie riefen in dem Unternehmen an und brachten ihr Anliegen vor, dass sie gerne lernen würden, was es ausmacht, mit Freude zu arbeiten.

„Uns wurde gesagt, dass wir dafür bei Ihnen richtig sind."

„Absolut!", erwiderte die Person.

Als unsere junge Beraterin fragte, ob sie bei einer zuständigen Person einen Gesprächstermin haben könnte, wurde ihr empfohlen, zuerst den Berater des Unternehmens kennenzulernen, dessen Firma gleich gegenüber ihren Sitz hätte.

Unsere beiden jungen Berater bedankten sich für den Tipp.

# Philosophie praktisch gemacht

Bevor ich Ihnen von der „Abenteuerreise zur Freude" weiter erzähle, möchte ich Sie mit unseren jungen Beratern näher bekannt machen: Sie heißen Phil und Sophia. Der Zufall wollte es wohl so, dass Phil und Sophia sich näher füreinander zu interessieren begannen, als sie entdeckten, dass ihrer beiden Namen das Wort Philosophie ergaben. Und sie erkannten, dass jeder von ihnen eine Vorliebe für Philosophie hatte. Und beim Philosophieren über die Philosophie merkten sie bald, dass sie den *praktischen* Ast der Philosophie mochten und nicht den von der Praxis abgehobenen Elfenbeinturm. Sophia hatte Phil auch die von ihr geliebte Definition für Philosophie angeboten:

*„**Phil** bedeutet **lieben. Sophia** die **Weisheit.***
*Ein Philosoph ist einer, der die Weisheit liebt.*
*Was ist ein Weiser?*
*Ein Weiser ist, wer über ein Lebenswissen*
*verfügt, das er für sich und andere in*
*Entscheidungssituationen des Lebens*
*über Normen und Regeln*
*praktisch macht."*

*„Praktisch macht.* Dieser Schluss gefällt mir. Damit kann man selbst in der Welt der Wirtschaft etwas mit Philosophie anfangen, in *Entscheidungssituationen,* für die es *Normen und Regeln* gibt", ließ sich Phil dieses Definitionsangebot auf der Zunge zergehen.

# Schlüsselfaktoren des Erfolges

„Schön, dass Sie sich für unsere Unternehmenskultur-arbeit interessieren. Ich möchte mich vorstellen. Ich bin Peter. Bevor wir uns unterhalten, möchte ich Ihnen etwas zeigen. Treten Sie bitte mit mir ans Fenster. Sehen Sie auf der gegenüberliegenden Straßenseite diesen jungen Mann, der mit aufgestelltem Kragen durch den peitschenden Regen schreitet? Aufrecht, entspannte Haltung, sicherer Schritt – wir können seine gute Stimmung trotz des unwirtlichen Wetters förmlich spüren. Er betritt das Haus vis-à-vis, in dem diese Firma ist, von der wir so viel Gutes hören.

Kommen Sie bitte mit mir nun drei Fenster weiter nach rechts, von wo wir den Firmensitz eines anderen Unternehmens besser im Blick haben. Sehen Sie die junge Dame? Sie zappelt. Ihre Schultern hängen. Und bei näherem Hinsehen erkennen wir die Kummerfalten zwischen ihren Augenbrauen. Als sie die Stiege zum Eingang hinaufgeht, verlangsamt sich ihr Schritt, so als ob sie umkehren möchte. Ein Kollege geht an ihr vobei – ohne zu grüßen. Wenn es stimmt, was man sich über dieses Unternehmen so erzählt, dann ist unser Eindruck von einer freudlosen Stimmung stimmig. Auch mir wurde erzählt, dass man im besten Fall nebeneinanderher arbeitet, meist jedoch gegeneinander, niemals miteinander und schon gar nicht füreinander."

„Wie Sie wissen, sind wir zu Ihnen gekommen, weil wir eher in einem Haus des zweiten Typs arbeiten", meinte Sophia. „Und wir wissen nicht, wie es so weit hat kommen können. Unsere Chefs sind ganz normale Menschen. Sie sind keine schlechten Menschen ... allein ... Mich würde brennend interessieren, wie es dem Mann im Regen und seiner Firma gelungen ist, dass sie mit Freude arbeiten. Das wollen wir auch – mit Freude arbeiten. Hatten Sie dabei Ihre Finger als Unternehmensberater im Spiel?"

„Leider nicht, ich wäre stolz und dankbar, wenn dem so wäre. Eine kleine Korrektur: Wir nennen uns nicht Unternehmensberater, sondern Kulturarbeiter. Wir *arbeiten* mit unseren Kunden und für unsere Kunden an deren Kultur. Wir arbeiten, damit es den Menschen gut geht, so richtig gut. Ein Unternehmen soll ein Kraftfeld sein, das den Menschen mehr an Lebensenergie zurückgibt, als es von diesen erhält. Und in der Zusammenarbeit mit unseren Kunden arbeiten wir mit der Methode der *Kollegialen Beratung.* Dazu im Detail noch später. Ich kenne diese freudvolle Firma, dieses Kraftfeld, aus enger Zusammenarbeit im Detail und aus dem Innersten. Wir dürfen deren Weg begleiten. Wenn Sie wollen, kann ich für Sie einen Termin vereinbaren. Und wenn Sie Zeit haben, so werden Sie mit elf Personen reden können."

„Warum gerade elf?"

„Geduld. Sie werden sehen. Begonnen hat da drüben alles mit dem Ergebnis einer Studie aus dem Silicon Valley. Google wollte wissen, ob es ein reproduzierbares Erfolgsmuster für gute Teams gibt. Es ist bekannt, dass Google über ausreichend Daten und Datenverarbeitungsmöglichkeiten verfügt. Sie haben über fünf Jahre Unmengen an Parametern eingegeben, die die Teams abbildeten, und die Ergebnisse der Teams damit in Verbindung gebracht. Nichts! Man fand nichts! Soll heißen, dass keine signifikanten Korrelationen zwischen der Art, wie gearbeitet oder geführt wurde, und ‚dem Erfolg' gefunden werden konnten. Bis schlussendlich doch das erlösende HEUREKA! (Ich hab's erkannt!) gerufen wurde. Es zeigte sich, dass Teams dann erfolgreich, im Sinne von effektiv und effizient, arbeiteten, wenn zumindest zwei Bedingungen erfüllt waren.

Erstens: Sie arbeiteten in einer Atmosphäre von *Psychological Safety* und zweitens: in einem Klima, das von *Emotional Communication and Empathy* geprägt wurde. Die ‚Data People', wie sie sich selbst nennen, waren glücklich, wenn auch überrascht. Keine rationalen

Fakten, keine digitalen Algorithmen, keine analytischen oder logischen Fähigkeiten waren die *Key Factors for Success.* Es waren diese „eigenartigen" Softfacts. Und wir, die Psychologen, Soziologen, Kulturarbeiter, freuten uns, dass wunderbarerweise dieses Ergebnis von den Data People selbst gefunden worden war. Wir waren erfreut, jedoch nicht überrascht, denn uns war das seit langem bekannt. Und wir mussten schmunzeln, dass gerade im Silicon Valley – einige Blocks von Google entfernt – die Antwort ohne eine vierjährige Forschungsarbeit in einem einfachen Gespräch abzuholen gewesen wäre. Im Mental Research Institute von Palo Alto, das bereits 1959 gegründet worden war, also doch einige Jahre vor der IT-, Digitalization- und AI-Industrie. Das Gute lag wieder einmal so nah. Dennoch passte es, dass unsere IT-Freunde selbst den Schlüssel zum Erfolg gefunden hatten. Möglicherweise hätten sie uns eine derart einfache Lösung für gute Teamarbeit nicht geglaubt: *Psychological Safety* und *Emotional Communication* und *Empathy*. Sind Sie bereit, hinüberzugehen?", wollte Peter abschließend wissen.

„Das kommt etwas schnell. Wir würden uns gerne noch vorbereiten, einige Fragen formulieren, eine Checkliste aus unserer Consulting-Werkzeugkiste anpassen, Formulare auswählen ...", wehrte Phil ab.

„Lassen Sie das doch in Ihrer Firma! Ich habe gehört, dass Sie sich für Philosophie interessieren. Machen Sie es ganz einfach wie der Philosoph Georg Wilhelm Friedrich Hegel. Nehmen Sie ein weißes Blatt mit und einen leeren Kopf, einen leeren, offenen Kopf mit wachem Verstand. Frei, um zuzuhören, mehr noch: um zu horchen. In die anderen hineinhorchen und in sich horchen, wie es wirkt, was das Gehörte bewirkt. Geben Sie Ihre Vorurteile an der Garderobe ab. Das werden Sie dort drüben nötig haben. Warum? Sie werden sehen."

Und Peter nahm sein Handy und vereinbarte einen Termin: „Gut. In zehn Minuten beim Empfang. Ich danke Ihnen wie immer sehr herzlich. Sehen Sie, so einfach geht's."

„Wie kann es sein, dass jemand dort drüben spontan Zeit hat?", fragte Phil irritiert.

„Kennen Sie den ‚1-Minuten-Manager' von Kenneth Blanchard und Spencer Johnson?", antwortete Peter.

„Ja, wir haben ihn natürlich gelesen", erwiderten Phil und Sophia.

„Die da drüben haben dieses Standardwerk nicht nur gelesen. Sie leben es. Sie leben auch unseren Grundsatz: Es ist so einfach. Machen wir es doch einfach! Und das Wichtigste: Machen wir es mit Freude! Weil es soll uns doch gut gehn."

Die beiden strebten der Ausgangstüre von Peters Büro zu, und Sophia entdeckte eine menschengoße Skulptur, die ihr beim Eintreten noch nicht aufgefallen war: eine Aufwärtsspirale mit den Worten FREUDE ERFOLG FREUDE, die in die Höhe schwebten. Doch ihre Neugier auf den Besuch in besagter Firma war zu groß, als dass sie sich der Skulptur näher widmen hätte wollen.

Neugierde erzeugt Dopamin. Das konnten Phil und Sophia spüren, als sie die Straße überquerten und auf das Unternehmen zugingen, in dem es den Menschen angeblich so gut gehen sollte. Bereits auf der Treppe zum Haupteingang sahen sie die Botschaft, die auf der Glastür stand, grafisch eingebunden in eine stilisierte Orange mit einem grünen Blatt:

## Machen wir es doch einfach. Machen wir es mit Freude.

Sie nahmen diese Botschaft zum Anlass, Sigrid – die Dame an der Rezeption – zu fragen, was es mit der Orange auf sich habe.

„Orange ist die Farbe der Freude und Grün die der Hoffnung", antwortete Sigrid freundlich lachend. „Gefällt euch unser Freude-Logo?"

„Ja. Sehr sogar. Und auch die Worte. Einfach und machen."

„Und ihr habt sicher auch schon die doppelte Bedeutung entdeckt. *Einfach* machen. Einfach *machen*. Beides ist uns wichtig. Wir quatschen nicht nur. Wir tun's."

„Und so entsteht Freude?", grätschte freundlich Sophia in das Gespräch.

„Ja. Wir handeln. Mit Freude. Und so bringen wir die Aufwärtsspirale in Gang: Freude – Erfolg – Freude", meinte Sigrid überzeugt.

„Das scheint dir Spaß zu machen …"

„Ja, großen Spaß! Und der Spaß nährt die Freude. Ist das nicht einfach und großartig?!"

Sophia und Phil blickten einander irritiert an. So einfach soll's gehen? Wo ist der Haken?

Sigrid erriet die Frage: „Da ist nichts faul dran. Zu Beginn spürten wir auch den Widerstand in uns. Doch unser Coach meinte nur: Just try it! Probiert es doch. Handelt einfach. Und spürt, wie es euch damit geht. Und danach reden wir gerne noch einmal darüber. Da waren die meisten jedoch schon auf dem Weg nach oben, im Aufwind. So! Und ich hab für euch, lieber Phil und liebe Sophia, auch bereits einen Gesprächspartner ausgesucht. Er wird gleich hier sein. Bevor er kommt, möchte ich euch noch was geben." Sigrid blätterte in einem Stapel Karten in Scheckkartengröße. „Da ist sie ja!", meinte sie und gab den beiden eine Karte, auf der zu lesen war:

# *Einfach* machen.
# *Einfach* **machen.**

„Und ich möchte euch auch gleich die Karte geben, die Andreas mit euch besprechen wird."

Sigrid händigte ihnen eine Karte aus, auf der geschrieben stand:

# *Sprich über Abwesende so, als ob sie anwesend wären.*

Als Sophia und Phil noch die Karte lasen, wurden sie aus ihren Gedanken durch ein „Wie geht es euch?" gerissen.

„Ich bin Andreas, freut mich, dir, Sophia, und dir, Phil, über uns zu erzählen. Mir wurde gesagt, dass ihr Menschen sucht, die mit Freude arbeiten. Da seid ihr hier richtig. Jetzt. Es war nicht immer so."

„Hallo, Andreas. Danke, dass du uns etwas von deiner Zeit schenkst. Wir wissen das sehr zu schätzen. Was war denn vorher nicht gut, und wie habt ihr es geschafft, dass es jetzt anders ist?", wollte Sophia wissen.

„Gehen wir in die Ecke da drüben mit den Stehtischen, oder wollt ihr lieber ungestört in einem Besprechungszimmer sitzen?"

Unsere Philosophen wendeten sich der Stehecke zu. „Also, was war vorher … Wir haben erkannt, dass wir uns gerne über andere ausließen. Das heißt im Klartext: Wir haben schlecht über andere geredet", bekannte Andreas. „Die Kaffeeküche war der bevorzugte Ort für das Waschen schmutziger Wäsche – also eher eine Waschküche. Es wurde zwar auch Kaffee gemacht, jedoch vorrangig Psycho-Smog produziert."

„Aber", unterbrach ihn Phil, „das ist doch normal. Wenn mich etwas stört, so muss ich das doch sagen dürfen. Es muss raus!"

Gut, dass Sophia stand, andernfalls hätte es sie nur schwer in ihrem Sitz gehalten.

„Siehst du, Andreas, so redet er immer. Du musst wissen, er ist Psychologe, oder besser gesagt, er hat Psychologie studiert", wobei Sophia das Wort *studiert* zynisch in die Länge zog.

Phil konnte nicht mehr an sich halten: „Sophia, du weißt doch auch, oder solltest es zumindest langsam wissen, dass Menschen andere Menschen, vor denen sie ihre Gefühle ausbreiten können, brauchen. Das gehört zur Psychohygiene!"

„Ja ja, ich kenne das, und ich gebe dir wie immer recht. Wir brauchen jemanden, bei dem wir uns ausweinen können", versuchte Sophia Phil zu besänftigen. „Und du kennst dazu auch meine Antwort als Soziologin: Ihr Psychologen kümmert euch um die Psychohygiene. Doch wer kümmert sich um die Sozialhygiene? Wenn du deine Sachen losgeworden bist, dann geht es dir gut. Und wie geht es dem, über den du schlecht redest?!"

Andreas stand schmunzelnd zwischen den beiden: „So ging es in unserem Workshop auch zu: Ansicht und Gegenansicht."

„Und wie seid ihr aus diesem Streit rausgekommen?", forderte Phil ungeduldig ein.

„Unser ‚guter Dritter' – so nennen wir unseren Coach, frei nach einem griechischen Philosophen, der sagte: ‚Wenn zwei sich streiten, so braucht es einen guten Dritten.' Der uns zum dritten Weg führt. Das nennt man heute Mediator. Also unser ‚guter Dritter' empfahl uns, nach dem dritten Weg zu suchen, nach dem zwischen Meinung und Gegenmeinung. Statt des ‚Entweder-oder' kamen wir mit seiner sanften Unterstützung zum ‚Sowohl-als-auch'."

„Das heißt, über Abwesende reden und …? Mir fehlt die Phantasie", sagte Phil.

„Über andere reden und, damit sie wissen, was wir hinter ihrem Rücken reden, es ihnen sagen", schlug „die Soziologin" vor.

„Exakt darauf haben wir uns hier geeinigt. Und auch auf den Satz, den ihr schon auf der Karte gelesen habt: nur so über andere reden, wie wenn sie anwesend wären", schloss Andreas an Sophias Worte an.

Phil litt sichtbar: „Wie soll das gehen? Mir geht's mit jemandem schlecht, so richtig schlecht. Und das soll ich ihm auch noch sagen? Ich denke da an jemand Konkreten. – Das erscheint mir unmöglich."

„Willst du, dass sich der andere ändert?", fragte Andreas.

„Ja! Besser heute als morgen."

„Wie soll er sich ändern, wenn er nicht weiß, was dich stört. Du und alle, die hinterrücks über ihn herziehen, wissen es. Sind das nicht die Falschen? Noch eine Frage: Willst du wirklich, dass er sich ändert, oder willst du dich im Gespräch mit anderen eher nur entlasten? Deine Gefühle abladen?", fragte Andreas.

Sophia reagierte freudig aufgeregt: „Phil, merkst du, dass das exakt dem entspricht, was auch du immer forderst: Wir sollen offen miteinander umgehen. Das ist es doch, oder? Offen und ehrlich."

„Logisch schachmatt", murmelte Phil, „jedoch psychologisch nicht. Wo habe ich die stille Ecke, meine Klagemauer, die Schulter …?"

„Ich spüre, dass du noch Konkretes aus unserem Leben vor unserer Bewusstseinsänderung brauchst. Habt ihr euch gefragt, warum ich mit euch zu diesem Thema der Aufrichtigkeit spreche? Es ist ganz einfach. Ich war das Thema in der Kaffeeküche, von der ich ausgeschlossen war. Alle anderen hatten im Kollegenkreis ihre stille Ecke, ihre Klagemauer, ihre Schulter. Ich wurde ausgegrenzt, gemobbt. Und nachdem mir weder mein Vorgesetzter noch der Betriebsrat noch der Personalverantwortliche Gehör geschenkt hatten, bin ich zu unserem Eigentümer gegangen. Und der hat gespürt, dass das nicht nur mit mir stattfindet, sondern dass dieser Virus der Unaufrichtigkeit im ganzen Unternehmen verbreitet war.

So! Ich lasse euch jetzt alleine", sagte Andreas plötzlich. „Ich merke, ihr habt nun genug Diskussionsstoff. Ich wünsche euch gutes Gelingen."

Und schon war er weg. Da standen sie nun – mit der Zeichnung.

„Dieser Typ ist arg, echt strange", regte sich Phil auf. „Wirft uns ein paar sogenannte Weisheiten hin, und wenn ich eine wichtige Frage stelle, haut er ab."

„Und du redest wieder einmal schlecht über einen, sobald er nicht da ist. Machst du das hinter meinem Rücken auch, kaum dass ich bei der Tür draußen bin? Du weißt: Rufmord ist Selbstmord. Aber was war deine letzte Frage?"

„Wo habe ich dann die stille Ecke, meine Klagemauer, wenn ich über Abwesende nicht schlecht reden darf?"

„Ich glaube, Phil, auf das sollen wir selbst draufkommen. Ich kann mir vorstellen, dass der dritte Weg zu einem guten Freund führt. Oder zu deiner Partnerin. Zu einer Person deines Vertrauens. Aber nicht in eine Gruppe, aus der das von dir gepinselte Bild hinausgetragen wird. Und so das Mobbing beginnt. Ich habe erkannt, dass wir natürlich unsere negativen Gefühle loswerden müssen, jedoch in einem Gespräch mit jemandem, dem ich vertrauen kann, dass es da gut aufgehoben ist."

„Got it", sagte Phil, „offen und ehrlich, jedoch ohne zu verletzen oder übel nachzureden oder gar zu verleumden. Das wird wohl nicht einfach."

„Du wirst sehen, das geht leichter, als du denkst. Und ein ganz einfacher Tipp: Wenn du etwas Schlechtes über einen, der nicht da ist, sagen möchtest, schließe wieder deinen Mund", sagte Sophia schelmisch lachend und auch stolz, weil sie Phils psychisches Problem auf ein physisches reduzierte: Mund halten. Im wahrsten Sinn des Wortes.

„Und wenn ich etwas sagen muss, dann so, wie ich es sagen würde, wenn der andere im Raum ist", zeigte Phil zusammenfassend Verständnis.

„Ja. Genau so. Und so machen wir es ab jetzt. Einfach. Ganz einfach", freute sich Sophia, weil sie spürte, dass ihr Psychologe begann, an die anderen zu denken und nicht nur an sich.

„Und was machen wir jetzt? Möchtest du noch hierbleiben und mit anderen reden?", war Phil bereit, weiterzumachen.

Sophia: „Ich möchte mir das für heute auf der Zunge zergehen lassen und mir Situationen überlegen, wo uns diese Regel geholfen hätte. Wie heißt diese Regel überhaupt? Vielleicht hat Sigrid eine Antwort."

„Und? Wie war's mit Andreas?", fragte Sigrid interessiert.

„Ich war irritiert, als er uns stehen ließ, doch er wollte offensichtlich, dass wir selbst weiter darüber nachdenken", sagte Phil.

„Ja, das machen wir hier so. Just try it! Think! Selbstverantwortlich. Das macht Spaß, wenn ich selbst auf etwas draufkomme. Ich fühle mich dann selbstwirksam. Habt ihr etwas für euch herausgefunden?"

Sophia preschte vor und sagte ihre Zusammenfassung: „Wir reden nicht über Abwesende, und wenn, dann so, als ob sie anwesend wären."

„Und wir haben uns hier noch darauf geeinigt, dass wir dem Betroffenen so schnell wie möglich sagen, was wir besprochen haben, damit er es auch weiß. Damit er überlegen kann, ob er sich ändern will."

„Klingt langsam auch für mich einfach", sagte Phil. „Noch eine Frage: Hat diese Regel bei euch einen Namen?"

„Ja, sie ist die Regel *Die Fähigkeit zur Aufrichtigkeit,* sprach Sigrid diese Neuigkeit gelassen aus. „Ihr findet diese Fähigkeit auf der Kehrseite der Karte." Da stand geschrieben:

## Aufrichtig sein.

„Seht ihr, Andreas wusste es, dass ihr auf das Wesentliche selbst kommt. Und das Wort ‚Aufrichtigkeit‘ ist zwar ein schönes, wichtiger jedoch ist, was wir tun, um aufrichtig zu sein. Und uns ist noch wichtiger, was wir weglassen. Möchtet ihr heute noch einen weiteren Gesprächspartner, der euch wieder einfach so stehen lässt?", flachste Sigrid.

   „Wir danken dir, wir haben jedoch entschieden, dass diese neuen Gedanken für heute ausreichen", sagte Phil.

   Sigrid murmelte anerkennend etwas von „rechtem Maß" und sagte lauter: „Ich gebe euch noch eine Karte mit auf den Weg."

   Auf der Karte stand geschrieben:

# Freude ist ein Plateauerlebnis, eine Grundstimmung.

„Es ist wohl notwendig, wenn ihr nach der Freude sucht, dass ihr wisst, was Freude bedeutet. Ich danke euch, dass ihr heute bei uns wart und über uns gut reden werdet", setzte Sigrid zu guter Letzt augenzwinkernd noch einen deutlichen Appell.

Unsere Philosophen traten auf die Straße hinaus und von einem Fenster im ersten Stock des Hauses gegenüber winkte ihnen Peter, der Berater, zu. Er öffnete das Fenster und rief: „Bis morgen, 9 Uhr. Ist das okay? Oder wollt ihr gleich in der Früh wieder in euer Haus der Freude?"

Sophia entschied für sich und Phil: „Wir kommen gerne zuerst zu dir, damit wir lernen, was das Wort *Freude* bedeutet."

## WOCHE 1, TAG 2

„Einen schönen guten Morgen wünsche ich euch", begrüßte Peter unsere interessierten jungen Menschen. „Wie geht es euch nach der Unhöflichkeit von Andreas, Gäste einfach so alleine zu lassen."

Sophia ergriff das Wort: „Gut, weil es auch gut getan hat, selbst etwas zu finden. Wie uns Sigrid, die Dame am Empfang, sagte. Kennst du sie?"

„Wie sollte ich eine der wichtigsten Playerinnen des Hauses nicht kennen? Rezeptionistinnen zählen zu den einflussreichen Menschen, werden aber häufig zu Unrecht als reine Vorzimmerdamen bezeichnet, sei es am Empfang in einer Firma, sei es im Vorzimmer des Vorstandes. Sie hören vieles, häufig mehr als die, die sie ‚beschützen', ihre Menschen hinter den Türen. Sigrid ist jedoch herausragend im wahrsten Sinn des Wortes. Deshalb hat der Vorstand sie gebeten, an allen Workshops zur ‚Freude an der Arbeit' persönlich teilzunehmen.

Und aufgrund ihres sozialen Talents hat man sie zur CSR-Verantwortlichen gemacht. Sie kümmert sich – im besten Sinne des Wortes *kümmern* – um die Corporate Social Responsibility."

„Jetzt verstehe ich ihre Hilfsbereitschaft und Freude beim Aussuchen der Karten", sagte Sophia.

„Ah, ihr seid schon Teil des Kartenspiels? Fein. Im Kreativ-Workshop zur Beantwortung der Frage, wie die guten Gedanken in der Firma verbreitet werden könnten, war das Kartenspiel Sigrids Idee. Weswegen sie auch gleich zur zentralen Verteilerin bestimmt worden ist. Freut mich, dass sie das offensichtlich so engagiert macht."

„Lieber Peter, du wolltest mit uns über die Freude reden", erinnerte Phil, der versuchte, seine Ungeduld nicht zu zeigen, Peter an seinen Vorschlag.

„Deine fordernde Ungeduld freut mich", antwortete Peter.

„Aber ich bin doch gar nicht …"

„Lieber Phil, der Mund kann lügen, der Körper nicht", sagte Peter, Samy Molcho, den Körpersprache-Experten, zitierend. „Ich bitte dich, Phil, bleibe bitte ungeduldig und auch zweifelnd!" ermutigte ihn Peter. „Wir brauchen Menschen, die treiben und Widerstand zeigen. Wir brauchen diese Energien."

Sophia blühte auf: „Das macht langsam richtig Spaß! Warum reden wir nicht über Spaß? Warum über Freude? Worin besteht da eigentlich der Unterschied? Gibt's überhaupt einen?"

„Der Unterschied ist schnell erklärt: Spaß ist ein Gipfelerlebnis. Er schießt uns emotional ganz nach oben,
schnell. So wie wir im Vergnügungspark nach oben kata-
pultiert werden. Dort haben wir Spaß. Genau so ist es mit
Glück, dem zweiten Gipfelerlebnis. Spaß und Glück ent-
fachen in uns starke Energien. Sie sind also sehr intensiv,
jedoch nur von kurzer Dauer. Glück und Spaß sind keine
Grundstimmungen, sie sind Peak-Erlebnisse. Das unter-
scheidet sie von der Freude. Freude ist eine Grundstimmung, ein Plateauerlebnis. Wenn wir uns freuen, erleben
wir zwar nicht diese Gefühlsintensität wie beim Spaß
oder beim Glück, dafür hält sie an. Freude ist nachhaltig.“

„Also sollen wir bei der Arbeit keinen Spaß haben?“,
fragte Phil leicht irritiert.

Sophia klinkte sich ein: „Phil, Spaß ist natürlich gut.
Er trägt zur Freude bei.“

„Freude geht jedoch auch ohne Spaß, Gott sei Dank“,
fügte Peter hinzu.

„Das ist für mich jetzt gut nachvollziehbar“, sagte
Phil. „Ich beginne, zu begreifen, warum du dich dieses
Themas angenommen hast. Wie bist du jedoch dazu
gekommen?“

„Da ich mit Menschen und Teams arbeite, stellte
ich mir eines Tages die Frage, was soziale Gesundheit
ausmacht. Es gibt laut der WHO, der World Health
Organization, drei Arten von Gesundheit: die physische,
die psychische und eben auch die soziale. Wie jeder
von uns, der das eine oder andere Mal zur Bestimmung

seiner physischen Gesundheit in einem Blutlabor einen Befund machen ließ, kannte auch ich schon seit langem die Kriterien für physisches Wohlbefinden: Cholesterin – LDL, HDL –, die Blutsenkung, PSI-Marker, Gamma-GT etc., etc. Und wir können auf diesem Befund neben unseren Werten auch Grenzwerte und Toleranzbereiche sehen. Für die körperliche Gesundheit ist schon sehr vieles klar definiert. Nicht jedoch für die soziale Gesundheit. Es gab zu Beginn unserer Arbeit weder Kriterien noch Grenzwerte. Ein Experte in einem Gesundheitsministerium, der damals in diesem schon 37 Jahre arbeitete, bekannte: „Das ist eine gute Frage. Die haben wir uns bisher noch nicht gestellt. Auch nicht in der WHO." Und so begann ich an der sozialen Gesundheit zu arbeiten."

„Und wie kommst du von der sozialen Gesundheit zur Freude?", wollte Sophia wissen.

„In den Arbeitskreisen, die nach den Kriterien suchten, war uns bald klar, dass der Begriff ‚soziale Gesundheit' zu sperrig, zu fachmännisch klang. Wir fragten uns, was für einen Nutzen Menschen von unseren Studien haben würden. Und so kamen wir über einige Umwege zur Freude. Menschen, die sozial gesund miteinander umgehen, erleben Freude."

Phil preschte mit der ihm eigenen Ungeduld vor: „Und was sind nun die Kriterien für die Freude? Wie können wir sie messen? Wie seid ihr darauf gekommen?"

Peter freute sich: „Hey, welche Energie! Du bist wieder ein Beweis für den Satz …" – und Peter suchte in seinem

Stapel der Firmenweisheiten nach der Karte, auf der geschrieben stand:

# *Jede Energie ist interessegeleitet.*

„Ja, deshalb bist du ja mit Sophia hier, um das zu erfahren. Ich möchte euch trotzdem keine Broschüre aushändigen oder euch frontal präsentieren, wie wir gemeinsam an unserem Verhalten gearbeitet haben. Ein Kriterium für soziale Gesundheit am Arbeitsplatz habt ihr bereits kennengelernt, die Aufrichtigkeit. Ich würde euch vorschlagen, weiterhin den Weg der Freude zu gehen. Okay?"

„Es geht demnach um Verhalten", fasste Phil zusammen.

„Ja, als Kulturarbeiter sind wir Verhaltenstrainer. Einmal wurde ich in einem Seminar nach diesem Job-bekenntnis gefragt: „Wie? Sie wollen mein Verhalten ändern?" Worauf ich antwortete: Ich will nicht. Ich muss. Das ist mein Auftrag. Auf meinem ‚Lieferschein' steht, dass ich Ihr Verhalten so ändere, dass es dem Leit-bild Ihres Unternehmens entspricht."

„Und in dem speziellen Fall unserer Freunde im Haus gegenüber arbeiten Sie wohl am Verhalten, das die Freude hebt. Ist das richtig?", wollte Phil den Auftrag des Beraters klarstellen.

„Ja, so ist es. Seid ihr nun bereit, weiterhin den Arbeitsweg der Freude zu gehen?"

„Ja, gerne. Diese Vorgangsweise bringt sicher mehr, weil wir mit den Mitarbeiterinnen und Mitarbeitern ins Gespräch kommen", stimmte Sophia zu. „Damit ich jedoch nichts durcheinanderbringe, noch eine Frage: Einmal sprichst du von *Kriterien* für soziale Gesundheit, das andere Mal sprach Andreas von *Fähigkeiten* zur Freude."

„Ja, gut aufgepasst. Ein Kriterium ist ein Unterscheidungsmerkmal. Eine Fähigkeit hingegen ist eine Kompetenz, die wir anwenden sollen. Es drückt klarer aus, dass wir fähig sein müssen, also etwas *tun* müssen, um Freude zu schaffen. Bleiben wir bei dem Wort Fähigkeit."

Als Phil und Sophia nach dem Gespräch mit Peter aus dem Beraterhaus wieder in die Firma gingen, in der sie erfahren wollten, wie man Freude an der Arbeit erleben kann, kam ihnen Sigrid bereits im Foyer entgegen. Sie zeigte ihnen eine weitere Karte, auf der geschrieben stand: *Wer das Wozu kennt, ist bereit zu fast jedem Wie.*

Stolz fügte sie hinzu: „Von Nietzsche, dem Philosophen."

# Wer das Wozu kennt, ist bereit zu fast jedem Wie.

Sophia spürte, dass Sigrid selbst mit ihnen darüber reden wollte: „Für welche Fähigkeit zur Freude steht dieser Satz? Ich sehe, du hast ihn sogar an der Wand aufgehängt."

„Er wurde unter all unseren Leitsätzen als der für uns wichtigste ausgewählt. Darum hängt er auch hier, wo wir unsere Gäste begrüßen. Das wurde gemeinsam beschlossen. Zu deiner Frage nach der Fähigkeit, die dieser Satz abbildet: Was meint ihr, darin zu erkennen?", kehrte Sigrid den Spieß um.

Phil und Sophia blickten einander wissend an. Phil überließ Sophia die Antwort: „Es geht bei dem Wozu um den Sinn."

Sigrid: „Ich bin beeindruckt. Ja, richtig. Der Sinn gibt uns die Energie. Und die Freude, jeden Morgen hier hereinzugehen."

„Und warum hast du gestern nicht mit dem alles überstrahlenden Sinn begonnen, sondern mit der Aufrichtigkeit?", fragte Phil kritisch.

„Weil die Aufrichtigkeit bei der Befragung zur Freude den schlechtesten Wert hatte. Und weil das auch bei fast allen anderen Unternehmen so ist. Der Sinn hat hingegen bei fast allen Unternehmen den besten Wert. Und durch euch merke ich wieder, dass meine Arbeit hier Sinn macht", strahlte Sigrid übers ganze Gesicht. Sie war jetzt nicht zu stoppen: „Es gibt mehrere Möglichkeiten, dass wir Sinn in der Arbeit spüren – über den Gelderwerb hinaus: den Sinn des Unternehmens als Ganzes, den Sinn der Produkte oder der Dienstleistungen und den Sinn meines ganz persönlichen Arbeitsbeitrages. Und es ist nachgewiesen ... Nein, andersrum: Was glaubt ihr, welcher der vier ‚Sinne' für Freude der wichtigste ist?"

Phil und Sophia dachten nach. Sophia wollte Sigrid dazu animieren, ihr Wissen und ihren Sinn auszukosten: „Ich schwanke. Bitte hilf uns."

„Es ist ganz einfach. Schaut, wie es mir jetzt soeben im Gespräch mit euch geht ... Es ist mein ganz persönlicher Beitrag, der mir die Freude bringt. Durch den Spaß und auch durch das Glück! You made my day!"

Sophia ließ sich von der Begeisterung mitreißen: „Wollte ich pathetisch übertreiben, so würde ich nun die ‚Ode an die Freude' anstimmen: ‚Freude, schöner Götterfunken, Tochter Sigrid aus Elisium' ...“

Phil schaute ihnen interessiert zu, jedoch noch etwas distanziert, bei so viel Emotion.

Und Sophia setzte noch eins drauf: „In unserer Arbeit begegnen wir uns selbst, wir kommen mit uns in Berührung. Durch die Arbeit können wir erkennen, wer wir im Kern, in unserem Wesenskern, sind. Wer das Wozu kennt, ist bereit zu fast jedem Wie. Ich danke dir, Sigrid."

Phil erinnerte sich an Viktor Frankl, der im KZ „auf der Suche nach dem Sinn" herausgefunden hatte: „Sinn kann nicht gegeben, sondern muss gefunden werden." Und dass man alles im Leben durchhält, wenn man einen Sinn im Leben sieht. Sogar im KZ. „Wenn ihr herausgefunden habt, dass der Sinn bei fast allen Unternehmen den besten Wert in den Befragungen hatte, so hat die Arbeit des Logotherapeuten Viktor Frankl Früchte getragen."

„Das wollen wir etwas setzen lassen. Ich schlage vor, dass wir 15 Minuten Pause machen. Getrennt", schlug Sophia vor. Sie wendete die Karte und las:

## *Sinnvoll arbeiten.*

„Da hallt nun einiges nach in mir", sagte Phil. „Und du, liebe Sigrid, hast dir sicher schon Gedanken darüber gemacht, was nach aufrichtigem und sinnvollem Handeln als Nächstes in dein Regiekonzept passt. Eine Frage hätte ich allerdings noch an dich: Wie ist es gekommen, dass du hier an der Rezeption arbeitest?"

Sigrid war sichtlich erfreut über dieses Interesse an ihrer Person: „Als wir dabei waren, diese ‚Firma am Abgrund' neu aufzustellen, erkannte ich, dass ich mit meiner Arbeit nicht glücklich war. Sie hat mir nicht entsprochen. Und in unserer Runde der *Kollegialen Beratung*, in der wir gemeinsam Lösungen für unsere Probleme und selbst Herausforderungen fanden, meinte eine Kollegin: ‚Du bist kein Zahlenmensch, du bist für mich ein psychosozialer Typ.' – Ja, so sagte sie es. – ‚Du gehörst für mich dorthin, wo viele Menschen vorbeikommen. Du strahlst Freundlichkeit aus, und man spürt, dass du Menschen magst, und deine Stimme und Sprache drücken das auch aus, und du wirkst auch am Telefon sehr angenehm.' Sie hatte meine Talente und Fähigkeiten erkannt. Und so haben wir die Position der CSR-Verantwortlichen geschaffen, an der Nahtstelle zwischen innen und außen, zu unseren Kunden und zwischen allen Abteilungen im Inneren. Mit dieser Verantwortung fühle ich mich sehr wohl. Es stimmt: Glück erlebt man, wenn man nach seinen Fähigkeiten eingesetzt wird. Ich bin diesem Unternehmen sehr dankbar, dass ich hier meinen Sinn gefunden habe."

# *Wir wollen das Gesicht des anderen wahren.*

*Wir wollen das Gesicht des anderen wahren,* stand auf der neuen Karte, die ihnen Sigrid entgegenhielt.

„Als eure nächste Gesprächspartnerin habe ich Teresa ausgewählt, die sich schon richtig auf euch freut. Es ist ihr Lieblingsthema, und wenn wir einen Betriebsrat hätten, so wäre sie unsere Vertrauensperson", meinte Sigrid

„Hi, was für eine faszinierende Idee von euch, die Grundmuster zu finden, warum Menschen gerne arbeiten", begrüßte Teresa die beiden.

„Eine interessante Formulierung: Grundmuster", knüpfte Sophia unmittelbar an den Gedanken an. Als Soziologin war ihr dieses Wort vertraut, war es doch eine soziologische Kernaufgabe, Verhaltensmuster zwischen Menschen zu entdecken – so called *Social Patterns.*

Teresa outete sich als Absolventin des Studiums „Internationale Entwicklung" und als vertraut mit den Rechten von Menschen. Sie sagte auch, dass ihr Studium nicht mehr angeboten worden war, weil „der Markt" an ihm kein Interesse hatte und es „zu weit weg war von den MINT-Fächern". „Ich kann von Glück reden, hier eine Anstellung gefunden zu haben. Dieses Unternehmen will und muss zwar Leistung bringen, jedoch immer nur im balancierten Ausgleich mit einer menschenwürdigen Art und Weise, wie man diese ökonomische und technische Leistung erbringt. Es geht uns um das Was und das Wie. Es geht uns um Würde."

„Du sagtest, Leistung im balancierten Ausgleich mit einer menschenwürdigen Art und Weise. Versteh ich dich also richtig, dass es um ein Gleichgewicht zwischen Rentabilität und Würde geht", versuchte Phil klarzustellen.

„Genau das ist unser Anspruch."

„Angenommen, es geht dem Unternehmen schlecht und es geht darum, seinen Fortbestand zu sichern, dann geht es doch nur mehr um Geld und nicht mehr um Würde", konterte Phil.

„Wo hast du denn das her? Wer sagt denn, dass in so einer dramatischen Situation auf die Würde verzichtet werden muss. Es kann doch beides geben: Leistung *und* Würde. Und wir gehen noch weiter: Es geht Leistung *mit* Würde sogar leichter. Und wir wissen: Würde steigert Leistung", erwiderte Teresa.

„Also noch einmal: Wenn es dem Ende zugeht, also wenn es um das Überleben geht, dann geht es in erster Linie doch um das Geld", ereiferte sich Phil.

„Ich kann unsere Überzeugung ‚Würde steigert Leistung' mit Fakten belegen", leitete Teresa die reale Geschichte von der Rettung ihrer Firma ein. „Wir standen am Abgrund. Und dann kam ein Team, geleitet von Peter, unserem Berater, mit drei Psychologen, die uns begleiteten. Peter sagte zu uns: ‚Wenn es euch auch finanziell und organisatorisch mies geht, braucht ihr deshalb noch lange nicht grausam zueinander zu sein. Gerade deshalb, weil ihr es ökonomisch schwer habt, braucht ihr einen menschlichen Umgang, der es euch leicht macht, miteinander zu arbeiten. Andersrum wird's noch schwerer. Die Abwärtsspirale wird verstärkt.'

Dazu gab es kein Gegenargument. Wir glaubten an diesen Gedanken. Die Abwärtsspirale ‚Misserfolg – grausames Gegeneinander – Misserfolg' ist nur zu stoppen durch ein Miteinander. Und das geht nur mit Würde. Würde bedeutet doch, dass wir uns nicht nur auf Erfüllungsgehilfen reduzieren lassen, die funktionieren müssen, um Geld zu bringen. Würde bedeutet doch, dass wir neben dem selbstverständlichen Funktionieren auch Menschen sind. Bei Würde geht es immer darum, dass wir auch in der Krise nicht das Gesicht verlieren. Das beginnt damit, dass wir im Stress vermeiden sollen, einen anderen im Beisein anderer kleinzumachen. In Japan hat Gesichtsverlust eine kulturelle Dimension, das ging dort sehr lange gar nicht, jemanden neben anderen kleinzumachen.

Ihr habt sicher schon gehört, dass ein entehrter Samuraikrieger sein Schwert am Bauch ansetzte und im rechten Winkel durch den Körper zog. Bei uns hat Gesichtsverlust zwar nicht diese kulturelle Bedeutung, jedoch immer noch eine soziale und psychische."

„Es ist euch also gelungen, kritische Situationen so zu lösen, dass ihr Kritik nur unter vier Augen angebracht habt? Versteh ich das so richtig?", wollte Sophia wissen.

„Ja, es ist bei uns ganz, ganz wichtig, dass wir uns ‚die Kritik aufheben', bis wir mit dem anderen allein sind. Und das tut uns richtig gut, so richtig gut. Vor Kritik haben wir so keine oder sagen wir weniger Angst. Wir bewahren unsere Würde", versicherte Teresa.

„Wir danken dir für diese Lektion in praktizierter Ethik. Auch für westliche Menschen, nicht nur für Japaner", sagte Phil sehr nachdenklich. „Liebe Sophia, ich glaube immer mehr, dass wir hier auf der Suche nach dem Schlüssel für Freude fündig werden. Spannend für uns wird, das alles, vor allem die Hinweise auf Würde, in unsere Consulting-Welt zu transferieren."

„Ja, das wird echt herausfordernd. Nicht nur die ‚Ressourcen zu kürzen' und ‚die Kästchen neu zu zeichnen', wie wir es üblicherweise State of the Art praktizieren", brachte Sophia ganz sachlich ein. Und ihr kam in den Sinn, was Peter ihnen zu Beginn über Googles „Project Aristotle" erzählt hatte:

„Google wollte wissen, ob es ein reproduzierbares Erfolgsmuster für gute Teams gibt. ... Bis schlussendlich doch das erlösende HEUREKA! (Ich habe erkannt!) gerufen wurde. Es zeigte sich, dass Teams dann erfolgreich, im Sinne von effektiv und effizient, arbeiteten, wenn zumindest zwei Bedingungen erfüllt wurden. Erstens: Sie arbeiteten in einer Atmosphäre von *Psychological Safety* und zweitens: in einem Klima, das von *Emotional Communication* und *Empathy* geprägt wurde."

„Ich meine nun die praktische Anwendung hier zu erkennen: Sei emotional kommunikativ mit Empathie, indem du das Gesicht des anderen wahrst. Jap! Ich für mich hab's!", freute sich Sophia.

„Dann bitte ich dich noch, die Karte zu wenden", sagte Teresa.

Da stand geschrieben:

## *Würdevoll arbeiten.*

Phil und Sophia bedankten sch bei Teresa und gingen in sich, wohl an all die vielen Alltagssituationen denkend, in denen sie Entwürdigung erlebt hatten – oder selbst begangen hatten.

Als unsere Suchenden zum Empfang kamen, hielt ihnen Sigrid strahlend die nächste Karte entgegen, auf der geschrieben stand:

# *Willst du, dass Menschen gerne handeln, so kooperiere mit ihnen.*

„Ihr könnt euch freuen! Die Inhalte hinter diesen Worten haben nicht nur unser Arbeiten, sondern auch unser Leben verändert. Ihr werdet zu Beginn einiges davon nicht glauben können. Unser Kooperationsexperte David erwartet euch in seinem Zimmer am Ende des Ganges, nach dem Open Space. Viel Spaß!"

Sophia wendete die Karte und las laut:

## Füreinander da sein.

Sophia und Phil gingen durch den fensterlosen Gang, an dem zur linken und rechten Seite Glastüren waren, die den Blick in Räume mit ein bis vier Personen freigaben. Nach vier Büros auf jeder Seite öffnete sich ein Open Space mit Stehpulten, Tischen hinter Lärmschutz- wänden und Sitzinseln. An der Rückwand gab es zwei Türen. Vor einer stand offensichtlich David, der „ganz in Kooperationsmodus" auf unsere beiden Suchenden zuging.

„Hi, schön, dass ihr endlich auch zu mir kommt. Die bisherigen drei Lessons *aufrichtig sein, sinnvoll arbeiten* und *würdevoll miteinander umgehen* sind essentiell für die soziale Gesundheit. Ihr werdet jedoch bald erken- nen: Kooperation ist zwar nicht alles, ohne Kooperation ist jedoch alles nichts."

„Du nimmst deinen Mund ganz schön voll. Vor allem angesichts von zwei Consultern, die nicht selten das Modell Konkurrenz fahren", stichelte Sophia.

„Bin mal gespannt, wie du mit der Businessweisheit ‚Die Konkurrenz belebt das Geschäft' in deinem Kooperationsmodell umgehst!", wurde Phil, siegessicher lächelnd, richtig angriffig.

David nahm den Sarkasmus wahr. Er kannte diese Reaktion zur Genüge.

„Auch in unserer ‚Firma am Abgrund' war Aggression die Folge. Ich möchte euch von unserem damaligen Workshop erzählen: Peter hielt uns damals den Spiegel vor: ‚Wovor habt ihr Angst?' ‚Wir haben keine Angst!', war unisono die empörte Antwort der Kämpfer, die auf Markteroberung getrimmt waren. ‚Euer Sarkasmus, das zynische Lachen zeigen eure Angst. Hinter jeder Aggression steht Angst als Auslöser. Wovor habt ihr Angst?', verschärfte Peter im Workshop die Gangart."

David unterbrach die Schilderung und bestätigte: „Wir hatten Angst. Wir spürten sie, wussten jedoch nicht, wodurch sie sich breitmachte. Es war ein diffuses Gefühl, ein bedrohliches."

Und er setzte die Erzählung fort: „‚Nehmt bitte eine der vor euch liegenden Karten und einen Filzstift, und jeder schreibt für sich auf, wovor er oder sie Angst hat. Und tauscht euch danach bitte aus', leitete Peter die erste Übung an. Nach erfolgter Clusterung kristallisierten sich vier klassische Ängste heraus: die Existenzangst, die Verlustangst, die Versagensangst und die Trennungsangst. ‚Ich beglückwünsche euch zu eurer Offenheit. So können wir weitermachen', setzte Peter fort. Und er bat uns, nun einen kurzen Frontalvortrag zu akzeptieren.

,Ihr habt wohl schon von Dopamin gehört. Es wird gerne als Glückshormon bezeichnet. Glücksgefühle sind schön. Wir können jedoch auch ohne Glück ganz gut leben. Dopamin wird auch als Handlungshormon ,gehandelt'. Das braucht ihr, um vom Abgrund wegzukommen. Ihr braucht zwar kein Glücksgefühl, ihr müsst jedoch handeln. Nun die wichtige Frage: Wie entsteht Dopamin? Was führt dazu, dass es in unserem Gehirn ausgeschüttet wird? Dopamin wird als Belohnung produziert. Es gehört zum körpereigenen Belohnungssystem. Wir werden belohnt, wenn wir kooperieren. Und was passiert, wenn wir nicht kooperieren, wenn wir gegeneinander arbeiten? Wenn wir nicht kooperieren, dann werden wir vom Körper bestraft. Das körpereigene Bestrafungssystem schüttet Cortisol aus. Erkennbar bei Männern als Schwimmreifen um die Körpermitte oder auch am Angstschweiß in der Nacht.'"

„Das geht mir etwas zu schnell", unterbrach Phil die Erzählung von David, „und mir erscheint diese These für das Handlungshormon zu einseitig. Ich habe gelernt, dass Angst der stärkste Motivator ist. Angst bewegt, sie führt also auch zum Handeln."

„Ja, das stimmt. Angst bewegt. Und Angst lähmt", antwortete David. „Und in den Abgrund blickend geschieht es häufig, dass wir paralysiert werden, unfähig sind, uns zu bewegen. Handlungsunfähigkeit ist eine der beiden Überlebensstrategien. Wir wählten hier bei uns die Handlungsvariante statt der Lähmung, statt der Erstarrung angesichts des drohenden Abgrunds." Und das Dopamin in David war zu spüren, man konnte es förmlich riechen.

„So einfach soll es gehn?", zweifelte Phil.

„So einfach geht's. Wir haben es gemacht. Wir haben es ganz einfach gemacht! Und jetzt geht's uns gut."

Phil konnte all dieses Gerede um die Einfachheit beinahe nicht mehr ertragen: „Okay. Ihr habt es also gemacht. Aber was bitte habt ihr gemacht? Als Consulter will ich nun ganz konkrete Maßnahmen hören!"

„Du willst wissen, was wir getan haben, um zu kooperieren. Wir haben unsere Einstellung geändert: Destruktive Konkurrenz raus. Und konstruktiver Wettbewerb als leistungsförderndes Grundmuster rein. Und auch Kooperation rein. Wir haben nach diesem Bekenntnis zum kooperativen Wollen gemeinsam erarbeitet, was das für uns konkret im Alltag bedeutet."

Sophia bat David, ihnen die Ergebnisse zu sagen.

„Das würde euch so wenig bringen wie all diese Kalendersprüche und sonstigen getexteten Weisheiten. An dieser Stelle überlasse ich euch eurer Kreativität und Selbstwirksamkeit. Habt viel Spaß dabei. Und gerne treffe ich euch, wenn ihr wollt, um zu hören, was ihr für euch und euer Unternehmen herausgefunden habt", sprach David und begleitete Phil und Sophia zur Türe.

Phil war sauer. Sophia hingegen freute sich aufs Entwickeln, auf neue Gedanken. Phils Stimmung blieb ihr
jedoch nicht verborgen.

„So, lieber Freund, packen wir's an!", versuchte sie ihn
zu motivieren, als sie zur Rezeption zurückgingen. „Du
bist sauer", spiegelte sie Phils Stimmung.

„Na und ob! Ich hasse diese arrogante, selbstgefällige
Art, seine sogenannten Weisheiten uns hinzuschmeißen
und uns wegzuschicken. Schon das zweite Mal in diesem Laden!" entlud sich Phils Zorn.

„Du möchtest, dass David uns deren Lösungen präsen-
tiert."

„Genau. Das ginge schneller."

„Geht's dir um schneller – oder um einfacher? Denk
daran, wie wir über Klienten reden, die sich von uns
bedienen lassen: ‚Gut, dass sie im Konsumenten-Modus
sind.' Willst du jetzt selbst bequemer Konsument sein?",
setzte Sophia Phil unter Druck.

„Ganz schön fies von dir, mich mit meinen eigenen
Worten zu schlagen. Also gut, machen wir's einfach ...",
ergriff Phil die Initiative, ins „gelobte Land der
Kooperation" aufzubrechen. „Zu Beginn: Was bedeutet
*Kooperation?* Zusammenarbeit. Was tun Menschen, die
zusammenarbeiten?"

„Sie arbeiten miteinander statt gegeneinander. Und
es sollte noch darüber hinausgehen: Sie sind füreinander da. So verstehe ich das Wesen der Kooperation",
stieg Sophia in das Thema ein. Sie fuhr fort: „Erinnerst

du dich an den neuen Kollegen, der erkannte, dass einer unserer jungen Consulter bei einem Klienten den falschen Weg einschlug? Und der Neue sagte: ‚Geht mich nichts an.' Und er zuckte mit den Achseln, als ich ihn darauf hinwies, dass er den Kollegen ins Verderben laufen lasse, und meinte nur: ‚Das ist nicht meine Abteilung.'"

„Ja, das werde ich nicht vergessen. Wir werden unsere Mühe haben, ihn von der internen Konkurrenz zur Kooperation zu bringen. Vielleicht hilft die Eitelkeit, wenn wir ihm von seinen Cortisol-Ringen erzählen", schmunzelte Phil. „Wir können auch die Berater-Schlagworte ‚Silo-Denken' oder ‚Abteilungsegoismus' einbauen, um uns ihm und anderen Hardcore-Egoisten zu nähern. Nun: Wie können wir die Silos aufmachen, wie vom Gegeneinander zum Füreinander kommen?", eröffnete Phil die Kreativ-Session, als sie bereits am Stehpult im Foyer angekommen waren.

„Tja, wir könnten es mit diesen Worten versuchen. Es wird nur nichts fruchten", befürchtete Sophia. „Ich würde gerne darüber mit Peter in einen Dialog treten. Vielleicht hat er jetzt Zeit", rief Sophia zu Sigrid hinüber.

Sigrid kam zum Stehpult herüber, nachdem Phil sie gefragt hatte, wie diese Raumgestaltung mit dem Mix aus Büros und Open Space entstanden war: „Dir ist der Mix aus Büros und Open Space also aufgefallen."

Phil meinte: „Das ist wohl noch nicht fertig, oder? Die Wände der Büros werden wohl noch herausgenommen werden, damit ein offenes, kommunikatives und transparentes Großraumbüro entsteht. So ist es bei uns", sagte er mit Stolz.

„Auch bei uns gingen die Überlegungen in diese Richtung. Zu unserer Verwunderung war David, unser Kooperationsfreak, gegen Open Space", erklärte Sigrid. „Er lehnt für sich sogar ‚meine Türe ist immer für alle offen' ab. Er hat gerne klare Zeit- und Raumeinheiten. Es ist ihm wichtig, Herr im eigenen Haus zu sein – selbstbestimmt. Er bestimmt, wann wer zu ihm ins Zimmer darf. Er braucht klare Grenzen, um konzentriert arbeiten zu können. David ist auch Teil der Gruppe, mit der wir das Zeitexperiment „8-12/20 für 40" machen. Dazu noch später. Es ist geradezu revolutionär."

„Ja, wenn David uns nicht aus seinen heiligen vier Wänden expediert hätte, wäre meine Frage an ihn gewesen: ‚Wie verträgt sich ein Büro mit einer geschlossenen Türe mit Kooperation?', sagte Phil.

„Und er hätte geantwortet: In erster Linie soll sich jeder wohlfühlen. Und da gibt es die Offenen und die Zurückgezogenen. Für beide soll Platz sein. Und so ist unser hybrides Modell entstanden. Uns geht es gut damit", sagte Sigrid im Brustton der Überzeugung.

„Und er hätte euch seinen Wahlspruch zur Kooperation gesagt:

# Schärfer trennen, um stärker zu verbinden.

„Ich habe diesen Satz an einer Wand im Büro von David gesehen", erinnerte sich Sophia und nahm die Karte von Sigrid dankend an. Auf der Kehrseite stand ein weiteres Mal geschrieben:

## Füreinander da sein.

„Wenn wir gerade bei den Rahmenbedingungen sind: „Wie geht ihr mit der Zeit um? Ihr habt sicher Gleitzeit?", wollte Sophia wissen.

„Auch da sind wir möglicherweise auf dem Weg zu einem Hybrid-Modell: Die einen gleiten bei Vollzeit, die anderen haben sich für das Experiment-Modell „8-12/20 für 40" entschieden. Von 8 bis 12 Uhr arbeiten, ohne Kaffeepausen, bei voller Bezahlung", sprach Sigrid die neue, revolutionäre Variante gelassen aus.

„Moment bitte! Das soll heißen: Die arbeiten nur vier Stunden pro Tag und 20 Stunden pro Woche und erhalten dafür das Geld für 40 Stunden?! Und das akzeptieren die anderen, die hier 40 Stunden rumhängen müssen?", verfiel old-fashioned Phil wieder in seinen Aggressionsmodus.

„Ja, die akzeptieren das. Weil auch sie haben die Wahl. Sie können auch das andere Modell wählen. Zum Hintergrund: Es ist nachgewiesen, dass wir vormittags effizienter sind. Natürlich haben die ‚8-12er‘ auch Pausen zur Erholung. Der Takt ist 55/5, das heißt 55 Minuten konzentrierte Arbeit, 5 Minuten Pause. Manche regenerieren dabei bei der 5-Minuten-Kurzmeditation. Kurzmeditation geht so: Diese 5 Minuten verbringe ich mental in meiner ‚Lebenslandschaft‘ – das ist die Landschaft, in der ich mich am wohlsten fühle. Diese 5-Minuten-Kurzmeditation hat die Erholungsqualität von 20 Minuten Powernapping“, lief Sigrid wieder zur missionarischen Höchstform auf.“

Sophia wollte die üblichen Zweifel von Phil unterbinden, der kam ihr jedoch zuvor:

„Das werde ich probieren. Endlich einmal ein gänzlich neues Zeitmodell. Es klingt fantastisch effizient! Wir werden sehen, ob dieses neue Arbeitszeitmodell auch über eine längere Phase effizient ist. Derzeit sieht es danach aus“, brach es aus ihm heraus. „Ich danke dir. Ich bin sehr froh, bei euch wirklich Neues erfahren zu dürfen.“

„Fein“, freute sich Sigrid. „Uns ist immer der Grundsatz für die Organisationsentwicklung wichtig: Das System stellt sich auf die Menschen ein, nicht nur die Menschen auf das System.“

„Ich hab da noch eine Bitte“, sagte Phil. „Können wir auch irgendwann den Eigentümer kennenlernen?“

„Das wird nicht gehen, er ist für eine ungewisse Zeit verreist, in einem Time-out. Er kam eines Tages in die Firma und eröffnete uns: ‚Ich bin sicher, dass unser Reset, unser Neustart und die darauffolgende Aufbauarbeit, uns alle auf ein Niveau gebracht hat, auf dem ich nicht mehr nötig bin. Zumindest für eine gewisse Zeit. Ich übergebe die Firma in eure Verantwortung. Ich wünsche euch eine schöne Zeit. Viel Spaß. Au revoir.‘ Und weg war er.“

Phils Mund stand offen, seine Kinnlade folgte der Schwerkraft, sein Blick war unstet.

Sigrid nutzte die entstandene Schweigephase: „Zu eurer Bitte, mit Peter zu sprechen. Peter ist erst übermorgen wieder hier, unser Coach Johannes übernimmt jedoch gerne das Coaching-Gespräch. Er erwartet euch morgen in Peters Büro.“

## WOCHE 1, TAG 3

Der Coach Johannes hielt ihnen zur Begrüßung die bereits dritte Kooperationskarte entgegen, auf der geschrieben stand:

# Miteinander
arbeiten reicht uns nicht. Wir sind **füreinander** da.

„Hi, ich freue mich, dass auch wir zusammenkommen. Ich bin hier ‚der Coach'. So werde ich von allen genannt. Wenn ihr wollt, können wir es auch gerne persönlicher machen. Ich bin Johannes."

„Freut uns. Wir sind Phil und Sophia", erwiderte Phil den freundlichen Einstieg. „Danke, dass du dir Zeit für uns nimmst. Wir beschäftigen uns gerade mit der Frage, was wir tun können, um aus der destruktiven Konkurrenz zur konstruktiven Kooperation zu kommen. Uns ist klar, dass ein Switch in der Einstellung eine Antwort ist. Dafür bedarf es aber des Wollens. Warum sollte jemand, der als egoistischer Karrierist erfolgreich ist, sein narzisstisches und aggressives Verhalten ändern? Was habe ich vom Miteinander und sogar vom Füreinander, wenn ich mit meinem kämpferischen Gegeneinander auf der Karriereleiter auf dem Weg nach oben bin?", eröffnete Phil die Diskussion. „Dieses aggressive Spiel lernen wir doch, seit wir klein sind. Und manch einer perfektioniert es von Tag zu Tag."

„Bist du sicher, dass das so ist? Was heißt klein? Wir wissen - ich betone *wissen,* nicht *glauben* – , dass das für Kinder im Alter von sechs Monaten nicht stimmt, dass wir aggressiv sind. In diesem Alter sind wir alle Menschen, die von Natur aus helfen. Wir wissen, dass wir von Natur aus kooperieren", antwortete Johannes.

„Wie kommst du zu dieser für mich absolut neuen Aussage?", wollte Sophia wissen.

„Durch eine Studie der Universität Yale, durchgeführt von Kiley Hamlin." Mit diesen Worten überreichte Johannes ihnen eine Karte, auf der geschrieben stand:

# *We are helpers, no hinderers.*

„Es ist einfacher, wenn wir gemeinsam in YouTube den Bericht von Yale anschauen. Er dauert nur einige Minuten." Johannes öffnete den Report auf seinem Smartphone. Er zeigte, dass Kinder im Alter von sechs Monaten sich denjenigen zuwendeten, die vorher andere unterstützt hatten – genannt die Helpers –, und dass sie die Hinderer ablehnten. Johannes erklärte zusammenfassend: „Mit dieser Forschungsanordnung ist erstmals der Nachweis erbracht worden, dass wir Menschen nicht als grausame Wesen auf die Welt kommen. *,Homo homini lupus est – Der Mensch ist des Menschen Wolf'* stimmt nicht. Zumindest nicht bis zu sechs Monaten. Im Alter von zwölf Monaten wählten jedoch zwei von zehn Kindern bereits die Hinderer. Die Frage, warum das so ist, hat Antoine de Saint-Exupéry für mich beantwortet:

*‚So hatte ich im Laufe meines Lebens mit vielen ernsthaften Leuten zu tun. Ich habe viel bei Erwachsenen gelebt und ich habe sie ganz aus der Nähe betrachtet. Das hat meiner Meinung über sie nicht besonders gut getan.‘"*

Und Johannes ergänzte: „Wir von Natur aus nicht grausamen kleinen Helper kommen zu früh mit Erwachsenen in Berührung. Und wir ‚lernen‘ von ihnen. Dazu gehören auch unsere ersten Bezugspersonen, die im Großen und Ganzen lieb sind. Manchmal jedoch wechseln sie die Spur."

„Das bedeutet: Grausamkeit ist angelernt", fasste Sophia zusammen.

„Ja, exakt! Und was wir erlernt haben, können wir auch wieder verlernen. Wollen vorausgesetzt", setzte Johannes nach. „Ich hoffe, diese Einsicht hat euch auch so aufgerüttelt, wie sie vor einigen Jahren mich unsere Beziehungen neu sehen ließ. Wir Menschen sollten in der Lage sein, zwischen Kampf und Kooperation zu wählen, zu entscheiden, ob wir die Strategie *Survival of the Fittest* einschlagen oder eine Alternative aussuchen. Es ist in gebildeten Kreisen hinlänglich bekannt, dass Charles Darwins Evolutionslehre nur die halbe Wahrheit sagt. Darwin wählte in seinem 1859 erschienenen Werk ‚Über die Entstehung der Arten durch natürliche Auslese, oder

die Erhaltung der begünstigten Rassen im Kampfe ums
Dasein' das berühmte Schlagwort *Survival of the Fittest*,
demgemäß die Evolution der Lebewesen bestimmt
wird durch den Kampf ums Dasein. Und die natürliche
Auslese zur Höherentwicklung der Lebewesen führt.

Diese Theorie mag auch stimmen, jedoch nicht ausschließlich. Eine Basis von Darwins Theorie beruht auf
einem Irrtum, wenn er schreibt: ‚Ein Kampf ums Dasein
tritt unvermeidlich ein infolge des starken Verhältnis-
ses, in welchem sich alle Organismen zu vermehren
streben.' Die rasche Verbreitung seiner Lehre mag wohl
damit zusammenhängen, dass sie ihren Segen gab für
mancherlei Strömungen seiner Zeit: Der Frühkapitalis-
mus erhielt durch sie seine Legitimation für rücksichts-
lose Profitmaximierung und gnadenlosen Konkurrenz-
kampf, der Kolonialismus erhielt seine Rechtfertigung
für Unterdrückung und Ausbeutung der Schwachen.
Die auf Fälle von Falsifikation nicht überprüfte Lehre –
bitte stellt euch das vor: eine nicht überprüfte Lehre –
wurde als Prinzip zum Naturgesetz erhoben. Und seit-
dem meinen nicht wenige weiterhin: Wenn die Natur
es will, dass die Tüchtigen, die Starken überleben, dann
kann man mit gutem Gewissen Sieg- und Vernichtungs-
strategien wählen.

Die Gegenthese geht von naturwissenschaftlichen
und soziologischen Beobachtungen aus, die die Theorie
Darwins in ihrem Allgemeingültigkeitsanspruch falsifi-
zieren. Dazu einige Beispiele: Der gnadenlose Kampf der

Spermien – eine Fabel. Wir wissen heute: Spermien kooperieren, bilden einen Schutzwall um den ‚Auserwählten' und begleiten ihn auf seinem gefährlichen Weg zum Leben. Ein weiteres Beispiel für Kooperation: Die argentinische Ameise hat nach ihrer Einschleppung im 19. Jahrhundert in Kalifornien das ganze Land erobert – nachweislich ohne Kampf. Auch gibt es unter den einzelnen Stämmen keine Rivalität. Ihr Verhalten anderen Ameisen gegenüber ist tolerant. Oder noch das folgende Beispiel für Kooperation: In unseren Abflüssen entdecken wir unter dem Mikroskop komplexe ‚Städte', die von Mikroorganismen gebaut werden. Diese Strukturen werden von Bakterien, Algen, Pilzen und Einzellern gebaut. Sie schließen sich zusammen, prüfen die Bedingungen und entwickeln großstadtähnliche Strukturen und Organisationen mit Wasserleitungen, Abwasserkanälen und Versammlungsplätzen. Faszinierend daran ist, dass all das geschaffen wird von unterschiedlichen Gattungen, die nicht die gleiche Sprache sprechen und dennoch ohne Kampf etwas gemeinsam entstehen lassen, was aussieht wie Manhattan bei Nacht.

Oder noch ein bekanntes Beispiel für Kooperation: Ein Wettbewerb von Computerprogrammen, den der US-Politologe Robert Axelrod veranstaltete, erbrachte als Gewinner ein kooperationswilliges Programm mit dem Namen ‚Tit for Tat'. Es ahndete Betrug sofort, akzeptierte aber auch sofort den Willen zur Versöhnung. So weit einige Beispiele, die beweisen, dass *Survival of the Fittest* nicht nur mit dem Sieg des Tüchtigsten im Kampf ums Dasein übersetzt werden sollte, sondern die Übersetzung *Gewinn der Anpassungsfähigsten* mitunter geeigneter ist. Die Idee der Kooperation als treibende Kraft der Evolution und als Kriterium im Kampf ums Überleben bringt einen wesentlichen Erkenntnisfortschritt, oder besser: könnte uns bringen. Für das Wort Kampf wird auch häufig das Wort Konkurrenz eingesetzt. Der Wettbewerbsgedanke ist ein dominierendes Element unserer Zeit: *Konkurrenz belebt das Geschäft.* Stimmt das immer? Wann ist Konkurrenz belebend, wann eher schädlich? Wann bringt Konkurrenz mehr Erfolg als Kooperation bzw. wann umgekehrt?"

Ich habe hier für euch ein Handout, das ich dem Buch ‚Gewinnen können statt siegen müssen – Die Kunst herrschaftsfreier Problemlösung' von unserem Kollegen Peter entnommen habe: Konkurrenz ist vorteilhaft, Kooperation hingegen kontraproduktiv, wenn wir es mit Tätigkeiten zu tun haben, bei denen wir nicht von anderen abhängig sind, oder wenn wir Routinen abwickeln. Beispiel: In einem Laufwettkampf gegen einen Gegner ist die Leistung nur von mir abhängig, ich erbringe also eine Einzelleistung. Eine Kooperation ergibt da wenig Sinn.

Kooperation ist vorteilhaft, Konkurrenz hingegen nachteilig, wenn wir voneinander abhängig sind, wir in einer Kette oder in einem Netz arbeiten, wir Neues erlernen wollen, wenn wir Wissen vermehren wollen. Beispiel: der berufliche Alltag in Unternehmen, wo Teamarbeit eingefordert wird, wenn es gilt, getrennte Einheiten zu einem Ganzen zusammenzuschweißen, wenn Wissensmanagement gewünscht ist. Wer im ersten Fall, dem Konkurrenz-Fall, Team-Prämien einsetzt, der verschleudert Geld. Wer im Kooperationsfall Einzelprämien nicht abschafft, ebenso. Kooperation, Fairness, Hilfsbereitschaft, Solidarität sind alternative Füreinander-Muster zu dem Darwin'schen Sieg-Muster ‚jeder gegen jeden'. Und Yale hat bewiesen, dass wir aus Prinzip auf Kooperation angelegt sind."

„Das muss ich erst noch verdauen!", bekannte Phil. „Jetzt begreife ich langsam, warum Peter meinte, wir sollten hier mit einem weißen Blatt, einem leeren Kopf und wachem Verstand hereinkommen. Und die Vorurteile bei der Garderobe abgeben."

„Wie kann es aber sein, dass es so viele schlagende Beweise gibt, dass die Natur auf Kooperation angelegt ist, wir jedoch in diesen aggressiven Mustern uns das Leben so schwer machen?", sinnierte Sophia.

„Tja, aufgrund der flächendeckenden Verbreitung dieses pathogenen Verhaltensmusters der Aggressivität nehmen wir diese ‚soziale Krankheit' nicht mehr wahr. Wir haben Angst vor Corona, an die sozialen Krankheiten haben wir uns gewöhnt. Sie sind Teil von uns", setzte Johannes seinen Schlussakkord. Und er überreichte ihnen noch ein Handout.

„Und ich möchte euch noch auf das Wichtigste für ein anhaltendes Füreinander hinweisen: die Dankbarkeit. Dankbarkeit produziert Dopamin und Serotonin. Sie trägt zur Aufwärtsspirale Freude – Erfolg – Freude bei.

Uns ist es so wichtig, dass wir dankbar sind und es einander auch zeigen, dass wir der Dankbarkeit auch eine Karte gewidmet haben:

# *Für Unterstützung sind wir* DANKBAR.

„Und was mache ich, wenn ich jemanden so gar nicht mag?", verschärfte Phil die Gangart. „Wie geht Kooperation dann? Und sag jetzt bitte nicht, das ist ganz einfach."

„Du bist ein Profi. Dann ist es wirklich ganz einfach",
sagte Johannes und reichte Phil die vierte Kooperationskarte, auf der geschrieben stand:

# Ein Zeichen für Professionalität ist Kooperation trotz Antipathie.

Auf der Kehrseite stand diesmal geschrieben:

## Füreinander und für den Kunden da sein.

„Das bedeutet, wenn ich jemanden so gar nicht mag, soll
ich trotzdem für ihn da sein? Das ist heftig!", bäumte
sich Phil noch einmal auf.

„Es geht nicht darum, dass du für den anderen da bist.
Es geht schlussendlich in der Wertschöpfungskette nur
darum, dass ihr – also ‚dein Ekelpaket' und du – gemeinsam für den Kunden da seid. Ein Unternehmen ist für
den Kunden da. Wir sind ausschließlich dazu da, um
die Probleme des Kunden zu lösen. Und es muss völlig
egal sein, wie wir zueinander stehen. Ein Unternehmen

ist eine Problemlösungsanstalt, sonst nichts", erwiderte Johannes. „So verstehen wir hier das Wort Kundenorientierung."

„Gut, ich verstehe, es geht um den mentalen Change: von der Konkurrenz zur Kooperation. Was mir jetzt jedoch noch immer fehlt, ist, was ich konkret *tun* muss, damit es für die anderen auch sichtbar wird", forderte Phil konkrete Maßnahmen. „Und lieber Coach, sei bitte nicht der Dritte, der sich jetzt umdreht und geht."

„Okay, ich bleibe. Ich werde euch die Arbeit zur Erkenntnis aber nicht abnehmen. Apropos Tun: Die Antipathie-Regel ist doch bereits eine konkrete Maßnahme: *Kooperiere trotz Antipathie! Just do it!* Also Lösungen werde ich jetzt keine weiteren bringen. Eine Frage stelle ich euch jedoch noch gerne: Was macht die Entwicklung vom Miteinander zum Füreinander aus?"

„Ich bin mir sicher, ein richtiges Füreinander geht nur, wenn wir uns in den anderen einfühlen können", sagte Sophia.

„Du hast den Nagel auf den Kopf getroffen, liebe Sophia", bestätigte Johannes. „Und erlaubt mir, da du den Kern der Lösung sofort gefunden hast, euch gleich die aktuelle Schwierigkeit mit dem Einfühlen in allen uns bekannten Firmen zu sagen. Einfühlen geht nur, wenn wir nicht gestresst sind. Wenn wir gestresst sind, dann versagen die Spiegelneuronen ihren Dienst. Die Gehirnforschung hat erst zu Beginn der 2000er Jahre die Spiegelneuronen entdeckt. Sie haben die Aufgabe – wie

ihr Name andeutet –, die Gefühle des anderen aufzu-
nehmen, sie zu spiegeln. Wir kennen das: Wenn einer
gähnt, dann gähnt der andere. Das ist seit ewigen Zeiten
bekannt, das Warum jedoch eben erst seit der modernen
Gehirnforschung. Um unsere Spiegelneuronen zu aktivieren, müssen wir unseren Stress beherrschen. Und nur
so nebenbei hat man auch entdeckt, dass das Spiegeln
nur funktioniert, wenn Sympathie besteht. Gähnen oder
Nichtgähnen sind ein untrüglicher Check, ob es sich
lohnt, sein Flirtverhalten fortzusetzen", wollte Johannes
den Nutzen von Stressfreiheit und Einfühlen attraktiv
machen. „Weil der andere spiegelt mein Gähnen nur,
wenn ich ihm sympathisch bin."

„Noch eine Frage: Gibt es Menschen mit weniger
Spiegelneuronen?", wollte Phil wissen.

„Es ist wohl so wie bei vielem, manche haben mehr,
manche haben weniger. Das soll jedoch nicht als eine
billige Ausrede herhalten. Wenn einer nicht gut mit
Empathie-Neuronen ausgestattet ist, er also gering affektiv empathisch ist, kann er sich kognitiv behelfen und
muss sich nicht auf die Ausrede ‚So bin ich halt, so kalt!‘
zurückziehen", erklärte Johannes.

Sophia war überrascht: „Wie jetzt?! Das Einfühlen
kann kognitiv, also rational, hergestellt werden? Das ist
sehr paradox: gefühlvoll mit dem Verstand."

„Ja, das machen Profis, die mit und am Menschen
arbeiten – wie Psychologen, Seelsorger, Sozialarbeiter,
Mediatoren –, so: Sie arbeiten in kritischer Distanz

zum Klienten und verwenden Koordinaten, um nicht affektiv, emotional zu sehr belastet zu werden. Wie das konkret geht? Ich persönlich beobachte die Menschen anhand der Koordinaten *WEIBS und FANS:* WEIBS sind deren *W*erte und *W*ünsche, *E*rwartungen, *I*nteressen, *B*edürfnisse und *S*timmungen. Und FANS steht für deren *F*urcht, die *Ä*ngste, *N*öte und *S*orgen. Und wenn ich durch diesen kognitiv-rationalen Filter beobachte, gelingt es mir eher, die meist negativen Gefühlslagen der anderen nicht auf mich wirken zu lassen. Der Affe des anderen soll auf seiner Schulter bleiben, auf meiner Schulter ist ja schon mein eigener."

„Ich glaube, zu verstehen. Auch eine Führungskraft soll die Probleme des Mitarbeiters nicht übernehmen", ergänzte Sophia.

„Genau. Wenn wir die Probleme übernehmen, dann haben nun zwei Personen das Problem. Geteiltes Leid ist somit nicht halbes Leid, sondern doppeltes Leid. Das Problem belassen wir deshalb beim Problembesitzer, der es selbst lösen muss. Wir können ihn dabei nur unterstützen", bestätigte Coach Johannes. „So wird es euch gelingen, die Perspektive zu wechseln. Das wird möglich, wenn ihr euren Standpunkt verlasst, eure Blickrichtung ändert und euren Blickwinkel erweitert. Es ist wohl das Schwierigste für einen Menschen, in den Mokassins eines anderen zu gehen. Ja, es ist ein Kraftakt des Geistes."

„Nun ja, da habe ich noch einiges vor mir!", und Phils Blick richtete sich nachdenklich nach innen.

„Noch etwas", warf Sophia ein, „als wir am ersten Tag bei Peter waren, hatte er unsere Aufmerksamkeit auf das Haus neben eurem gelenkt. Und wir sahen eine junge Frau, die ihren Schritt verlangsamte, als sie die Stiege zum Eingang hinaufging - so als ob sie umkehren wollte. Ein Kollege ging an ihr vorbei – ohne zu grüßen."

„Wir kennen dieses Unternehmen und diese junge Frau. Sie liebäugelt damit, zu uns zu wechseln. Andererseits fühlt sie sich in ihrer kleinen Gruppe wohl, wie sie uns sagte. Sie nennen sich selbst *Das Dorf in Gallien, umgeben von Römern.* Der Humor hält sie aufrecht. Außerhalb des Dorfes, also außerhalb der Abteilung der jungen Frau, arbeitet man im besten Fall nebeneinander, meist jedoch gegeneinander, niemals miteinander. Und Füreinander ist ein Fremdwort. Ich werde euch später gerne Näheres darüber erzählen. Wenn ihr wollt, rufe ich sie an – sie heißt Laetitia – und frage sie, ob sie sich heute nach der Arbeit kurz mit euch treffen könnte."

# Ein Dorf in Gallien
## It's all about relations.

„Klappt. Um 17 Uhr ist Laetitia im Café nebenan. Gehen wir schon mal hinüber auf einen Kaffee. Wenn ihr wollt, können wir die Zeit nutzen, und ich erzähle euch etwas über das Unternehmen, in dem Laetitia arbeitet. Der Human-Ressources-Manager hat Peter einmal angesprochen und ihn zu uns zu einem Gespräch eingeladen. Er wollte an der Unternehmenskultur arbeiten. Und nach einem weiteren Gespräch hatten wir uns darauf geeinigt, ehestens den CEO einzubinden. Dieser Termin war jedoch schnell zu Ende. Der CEO wollte wissen, was das bringt, monetär. Ihr müsst wissen, dieses Unternehmen ist ökonomisch höchst erfolgreich. Es beweist, dass es auch ohne Unternehmenskultur geht, ohne eine Kultur, welche die Würde des Menschen achtet. Kurzfristig sind solche Unternehmen möglicherweise sogar erfolgreicher, wobei man allerdings nicht weiß, wie die Resultate aussehen würden, wenn es den Mitarbeitenden gut gehen und sie mit Freude arbeiten würden. Es wurde nichts aus unserer Zusammenarbeit. Obwohl der CEO seinem Human-Ressources-Chef freie Hand gelassen hätte. Wir wissen jedoch, dass eine Arbeit an der Kultur eines Unternehmens nur dann sinnvoll ist, wenn die Nummer eins die Fahne trägt. Weil ansonsten die Arbeit immer wieder torpediert wird durch verständliche Fragen wie z. B. ‚Sind die da oben auch in so einem Kulturworkshop?' Oder durch Aussagen wie ‚Bekanntlich stinkt der Fisch vom Kopf'", schloss Johannes seine Ausführungen ab. „Ah, da ist Laetitia bereits. Ich darf euch kurz vorstellen und werde euch dann mal allein lassen. Ich danke euch für euer Interesse. Bis bald."

„Hallo, ich heiße Laetitia, und ich fühle mich auch so. Laetitia bedeutet Freude, Frohsinn, Heiterkeit."

„Das kann ja heiter werden!", griff Phil den Ball auf. „Wir haben gehört, dass du gerne nebenan arbeiten würdest."

„Ja. Ein klares Ja. Ich möchte auch in einem Kraftfeld arbeiten. Doch ich möchte nichts überstürzen, weil ich zwar in das Unternehmen, in dem ich arbeite, nicht so gerne gehe, jedoch sehr wohl zu meiner Kollegin und zu meinen zwei Kollegen. Wir haben es so richtig schön in unserem kleinen Dorf."

„Was muss außerhalb eurer Insel der Seligen, eurem Elysium gleich bleiben, damit mit Sicherheit nichts besser wird?", lautete Sophias Eröffnungsfrage.

Laetitia schmunzelte: „Die gleiche Frage stellte mir Peter. Meine Antwort damals wie heute: alles. Alles muss gleich bleiben. Dann wird sicher nichts besser. Auch die Profite müssen so hoch bleiben, denn dann erkennt niemand die notwendige Veränderung zu einem würdevollen, vertrauensvollen und angstfreien Miteinander. Wir haben hier Angst."

„Wie drückt sich die Angst konkret aus?", fragte Phil.

„Es ist niemand bereit, einen Fehler zuzugeben. Fehler werden vertuscht. Fehler werden anderen zugeschoben.

Paradoxerweise haben wir in diesem Klima der Angst den strategischen Auftrag, die Innovation anzukurbeln. Wie soll in einem solchen Klima der Angst Innovation gelingen? Bei der Firma, die ihr besucht, wird sogar ‚der Fehler des Monats' prämiert. So entsteht Angstfreiheit. Es ist so einfach."

„Davon haben wir drüben noch nichts gehört. Diesen revolutionären Gedanken hat sich Peter wohl noch als Ass im Ärmel aufgehoben", sagte Sophia begeistert und blickte zum entgeisterten Phil, der wieder einmal seinen Mund nicht mehr zubrachte.

„Danke für diese innovative Idee von nebenan. Wir würden jedoch noch gerne von dir lernen, was hier nicht passt, was die Energie abzieht – vielleicht die drei wichtigsten Punkte", spielte Sophia auf das Stück „Der Gott des Gemetzels" an.

„Erstens: Private Gespräche sind nicht erwünscht. Zweitens: Man kann ohne Sanktionen Misslungenes nicht zugeben. Drittens: Konflikte werden nicht angesprochen. Und ich möchte trotz der Vorgabe, die drei wichtigsten Punkte zu nennen, noch unbedingt viertens hinzufügen: Kaum einer ist offen für Kritik und fünftens: Lob ist hier ein Fremdwort", konnte Laetitia ihre Emotion kaum verbergen. „Das sind die Big Five. Ich möchte das Bild durch weitere grausliche Details nicht verwässern. Und außerdem habe ich meinen Dorfkollegen versprochen, sie nicht zu lange warten zu lassen. Wir gehen heute zu unserem Tanzkurs", machte Laetitia deutlich, dass sie das Gespräch beenden wollte.

„Noch eine Bitte!", meinte Sophia verschwörerisch. „Gib mir das Rezept für euren Zaubertrank!"

„Man nehme einen großen Löffel Serotonin, je eine Prise Adrenalin und Dopamin und füge großzügig Oxytocin dazu. Voilà, fertig ist der Zaubertrank unseres kleinen Dorfes, um all das krankmachende Karma abzuwehren. Und noch das Wichtigste: Dieser Cocktail wirkt nur mit Humor, Freundlichkeit und Harmonie. All das gehört zur Pflege unserer guten Beziehung. *It's all about relations.* Ist die Beziehung gut, kannst du sagen, was du willst. Wenn nicht, dann gilt der folgende Satz …" Laetitia zückte eine Karte, auf der – diesmal auf der Rückseite – geschrieben stand:

## *Ist die Beziehung im Argen, wird jeder Satz auf den Wert seines Angriffspotentials hin untersucht.*

Auf der Vorderseite konnte man lesen:

# *It's all about relations.*

„So, jetzt muss ich aber wirklich gehen, sonst wird der Spiegel des Bindungshormons Oxytocin zu sehr abgebaut", lachte Laetitia und war mit einem Winken auch schon weg.

„Ich glaube, lieber Phil, ich muss das alles erst einmal verdauen. Lassen wir Revue passieren, was wir bisher gehört haben."

„Ja bitte! Machen wir ein kurzes Summary", verfiel Phil in den klassischen Business-Modus.

„Legen wir dazu einfach unsere Karten auf", schlug Sophia vor.

„Jetzt bist du auch schon beim Wort *einfach*", hänselte Phil.

Sophia, die Kartensammlerin, legte die Karten mit der Rückseite nach oben auf den Tisch des Coffeeshops:

- *Aufrichtig sein.*
- *Sinnvoll arbeiten.*
- *Würdevoll arbeiten.*
- *Füreinander da sein.*

Für „Füreinander da sein" lagen vier Karten auf dem Tisch. So wurde die Bedeutung der Kooperation klar und deutlich auch quantitativ sichtbar.

„Mir wird erst jetzt bewusst, dass das auch vier Kriterien für die soziale Gesundheit am Arbeitsplatz sind. Und ich glaube auch zu begreifen, warum unsere Gesprächspartner mit weisen ‚Regeln' in die Erklärungen eingestiegen sind, statt mit Hauptwörtern und Wertworten. Mir gefällt das. Du weißt, ich habe genug von diesen Werte-Lippenbekenntnissen, all diesen Gesinnungsethik-Versprechen, diesem Werte-Blabla. Merkst du, Phil, dass unsere Freunde Peter, Sigrid, Andreas, Teresa, David, Johannes und auch Laetitia uns mit ‚schönen Wertworten' verschonen und uns direkt zu dem bringen, was sie wie tun. Von der Gesinnungsethik zur Handlungsethik. Von Worten zu Taten."

Sophia drehte die Karten auf die jeweils andere Seite:

- *Sprich über Abwesende so, als ob sie anwesend wären.*
- *Wer das Wozu kennt, ist bereit zu fast jedem Wie.*
- *Wir wollen das Gesicht des anderen wahren.*
- *Willst du, dass Menschen gerne handeln,*
  *so kooperiere mit ihnen.*
- *Schärfer trennen, um stärker zu verbinden.*
- *Miteinander arbeiten reicht uns nicht.*
  *Wir sind füreinander da.*
- *Ein Zeichen für Professionalität ist Kooperation*
  *trotz Antipathie.*

„So sehr das alles für mich gültig ist – ohne Widerspruch –, so sehr fehlt mir doch noch einiges für ein sozial gesundes Miteinander", meinte Phil.

„Wird spannend, was dazu noch notwendig ist. Aber bitte erst morgen. Für heute reicht es mir. Ich frage Sigrid, ob wir morgen mit Peter beginnen können, wenn's dir recht ist", sagte Sophia für heute Adieu.

## WOCHE 1, TAG 4

„Guten Morgen, ihr Wirtschaftsphilosophen, wie ist es euch ergangen? Seid ihr fündig geworden? Ich habe gehört, ihr habt auch schon mit Laetitia gesprochen", begrüßte Peter unsere beiden Suchenden.

„Wir fanden es beeindruckend, wie Menschen sich auf ihre eigene kleine Insel retten, auf ihr Elysium der Freude, wie uns Laetitia glaubhaft schilderte", begann Phil und fuhr ohne Unterbrechung fort: „Was mich brennend interessiert: Wie funktioniert die Idee ‚Fehler des Monats'? Wer gewinnt die Prämie, und wie wird sie berechnet? Was sind die Kriterien? Siegt derjenige, der den höchsten Schaden anrichtet, und wer entscheidet, wer der Sieger ist?"

„Sechs Fragen auf einmal. Es bewegt dich offensichtlich. Ich beginne mit den Kriterien und der Schadenshöhe", konnte Peter ein Lachen nicht verbergen. „Natürlich ist die Höhe des Schadens nicht entscheidend. Das Hauptkriterium ist, was wir alle aus dem Fehler lernen können. Und nun noch die Frage: Wer entscheidet, wer der Sieger ist? Das entscheidet das Team. Und noch die Antwort auf die Frage, wie die Prämie berechnet wird: Es wird gar nichts berechnet. Der oder die Siegerin erhält als Prämie für unseren Zuwachs an Orientierung eine sehr, sehr schöne Orange mit einem grünen Blatt, die auch noch in dem Papier für handverlesene Orangen eingewickelt ist. Uns ist sehr wichtig, dass etwas nicht nur gut ist, sondern auch schön. Und ihr erkennt: Es muss nicht teuer sein, wenn wir Freude schenken."

„Wie wurde diese Idee geboren? Ich finde sie genial. Sie nimmt die Angst. Ist das der Sinn?", staunte Sophia, während Phil sehr verdutzt schaute. Sein Weltbild schien ins Wanken zu geraten.

Peter erkannte Phils Not, war sie bei dieser – uns bereits bekannten – Mimik doch leicht zu erkennen: offener Mund, hängende Kinnladen und nach oben gezogene Stirn, die in Falten gelegt wurde. All das drückte erhöhten Informationsbedarf aus.

„Die Idee wurde ganz einfach aus dem Bedürfnis geboren, Fehler eingestehen zu dürfen, ohne Angst haben zu müssen. Und aus der Notwendigkeit, innovativer zu werden. Wir fanden und finden diese Idee großartig. Sie funktioniert wirklich. Wann schlägt man schon zwei Fliegen mit einer Klappe! Angst raus – Innovation rein. Und dazu kommt noch echter Spaß! Ja, das Team hat so richtig Spaß, sich einmal im Monat zu erzählen, was nicht gut war, welcher Weg nicht geeignet war. Wer welchen Bock geschossen hat. Wir sind ein Jagdteam auf der Suche nach Wissen für Verbesserung."

„Ich hab schon einiges über Fehlerkultur gehört. Das ist neu", zeigte Phil bereits zaghafte Zustimmung. „Mir scheint, euch gelingt es damit auch, nicht den Schuldigen zu suchen."

„Gut erkannt, Phil. Wir treiben keine Sündenböcke durch das Dorf. Es geht uns nicht darum, wer schuld hat, sondern darum, was die Ursache ist. Und darum, was wir daraus für die Zukunft lernen. Was müssen wir zukünftig anders machen. Wir denken zukunfts- und lösungsorientiert. So richten wir uns leichter wieder auf, wenn wir umgefallen sind."

Sophia spürte ein weiteres Mal, dass es sich lohnte, hier genau hinzuhören: „Ihr habt euch offensichtlich auch bereits mit den Aspekten des Steh-auf-Männchen-Prinzips auseinandergesetzt."

„Ja, wir nennen es Steh-auf-Menschen-Prinzip. Die Frauen sind auch angesprochen", fügte Peter schmunzelnd hinzu. „Wichtig ist uns beim Umgang mit Versagen, dass wir zwischen Fehler und Irrtum unterscheiden. Einen Fehler begehe ich, trotz Erfahrung – einem Irrtum erliege ich, ohne Erfahrung. Wenn ich jemanden, der einem Irrtum erlegen ist, so behandle, wie wenn dieser einen Fehler begangen hätte, wer von den beiden hat dann einen Fehler begangen?"

„Der, der den Irrtum vorwirft", erkannte Phil, der nun verstanden hatte.

„Ist doch wieder einmal ganz einfach – um dein neues Lieblingswort zu gebrauchen", sagte Peter mit einem Anflug von Zynismus und zückte eine Karte, auf der geschrieben stand:

# Fehler geben wir zu – ganz ohne Angst.

Sophia, die Hüterin der Karten, beäugte die Kehrseite der Karte und las laut vor

## Fehlertolerant sein.

„Das ist also ein weiteres Kriterium für ein sozial gesundes Miteinander am Arbeitsplatz", fasste Phil zusammen. „Klingt einfach, ist in der Umsetzung wohl nicht ganz so leicht."

„Ist das die Frage danach, wie wir das umsetzen? Technisch ist es ganz einfach: Suche nicht nach dem Schuldigen. Just don't do it! Herausfordernd ist allerdings unser psychischer Hintergrund, die Defizitorientierung. Diese gilt es aufzugeben."

Sophias Augen leuchteten: „Was für ein eigenartiges Wort! Bitte sag uns mehr dazu."

„Dazu wird euch Jana mehr sagen können. Sie erwartet euch schon. Ich wünsche euch viel Spaß, und habt einen schönen Tag!" Und Peter gab Phil noch eine Karte, auf der geschrieben stand:

# *Wir haben gar keine Zeit, den Schuldigen zu suchen.*

Jana kam Phil und Sophia schon auf der Außentreppe entgegen und führte sie ins Haus.

„Wollen wir in ein kleines Besprechungszimmer gehen, wo wir ungestört sind?", schlug sie vor, und sie gingen grüßend an Sigrid vorbei, die ihnen anerkennend zurief: „Ihr kommt offensichtlich ganz ordentlich voran. Jetzt seid ihr schon bei der sechsten Fähigkeit für Freude an der Arbeit!"

Im Besprechungszimmer angekommen, gab ihnen Jana dem Ritual entsprechend eine Karte, auf der geschrieben stand:

# Keiner bleibt klein, der Vertrauen in seine Entwicklung erfährt.

Auf der Kehrseite fanden sie das Wort:

## *Ermutigen.*

Sophia wiederholte die Worte der beiden Seiten und betonte sehr nachdenklich: „Keiner bleibt klein …"

Nach einer Pause begann Jana das Gespräch: „Für mich sind das die wichtigsten Worte: *Keiner soll klein bleiben.* Ich möchte, dass Menschen im Umgang miteinander größer werden. Dass sie miteinander wachsen."

Sophia fügte hinzu: „Wie darf ich das im Zusammenhang mit dem Begriff *Defizitorientierung* verstehen? Peter versprach uns: Dazu wird euch Jana mehr sagen können."

„Ja, gerne. Peter riet uns, dass wir unsere Defizitorientierung aufgeben. Defizitorientierung bedeutet, dass man nur das sieht, was nicht passt. Um es praktisch zu machen, praktizieren wir dazu folgende Regel …", und Jana reichte ihnen eine Karte, auf der geschrieben stand:

# *Mache Jagd auf das Gute!*

„Wir nennen das die ‚Pygmalion-Regel'. Pygmalion war ein Bildhauer in der griechischen Antike, der aus Alabaster eine elf Zentimeter große Statue einer Frau schuf, die so schön wurde, dass sich Pygmalion so sehr in sie verliebte, dass sie sich in eine lebendige Frau verwandelte.

So können auch wir Menschen in das verwandeln, was sie sein können, wenn wir sie so behandeln, wie sie sein sollen. Und wenn wir sie bei Gutem ‚erwischen' und ihnen das anerkennend sofort sagen, werden sie wie die Statue wachsen.

Umgekehrt können wir Menschen kleinmachen, wie die Einwohner von Andorra es mit einem kleinen Jungen machten. Zu lesen im Theaterstück ‚Andorra' von Max Frisch . Sie meinten, erkannt zu haben, dass er ein Jude sei. Sie behandelten ihn so, als ob er ein Jude wäre. Und als er größer wurde, benahm er sich wie ein Jude. Und sie konnten sodann selbstzufrieden sagen: ‚Seht! Wir wussten es. Er ist ein Jude.' Sie waren stolz auf ihre sich selbst erfüllende Prophezeiung.

Ich weiß bis heute noch nicht, was ein Jude im Verhalten anders macht."

Sophia drehte die Karte um und las laut vor:

*Mag ich jemanden nicht,*
*weil er nichts kann,*
*oder kann er nichts,*
*weil ich ihn nicht mag.*

„Das bedeutet: Will ich ein Pygmalion sein oder einer von Andorra", fasste Phil zusammen.

„Genau. Und mein Tipp: Jage deine Mitmenschen einmal einen Tag lang, um sie bei Gutem zu erwischen. Du wirst sehen, es gelingt. Selbst bei denen, von denen du bisher nichts gehalten hast. Es mag unangenehm sein, erkennen zu müssen, dass der ‚Feind' auch gute Seiten hat. Und die, die das Geld im Fokus haben, können die Chance auf einen wunderbaren ROI, einen großen Return on Investment, erkennen. Pygmalion erzeugt einen großen Hebel, Pygmalion erzeugt einen hervorragenden *Leverage-Effekt*, würden Ökonomen sagen. Ihr werdet bei dieser Jagd so richtig Spaß haben", setzte Jana einen starken Motivationsschub.

„Und die Aufwärtsspirale wird verstärkt: Spaß – Freude – Erfolg – Spaß – Freude ...", zeigte sich Sophia begeistert.

Und Phil schloss sich mit schrägem Grinsen an: „Es ist ganz *einfach*!"

„Hey, you got it!", bestärkte Sophia ihren notorisch defizitorientierten Zweifler.

„Seht ihr, lieber Phil und liebe Sophia, das war soeben euer erster gemeinsamer Pygmalion!", hielt Jana ihnen lachend den Spiegel hin. „Ich begleite euch noch zu Peter hinüber."

„Das Ermutigen. Das war nun die sechste Fähigkeit für ein sozial gesundes Miteinander. Um auch euch noch zu ermutigen, möchte ich eine Anekdote erzählen",

begrüßte sie Peter. „Sie wird euch zeigen, wie leicht –
um das Wort *einfach* nicht allzu sehr zu inflationieren –
es im Alltag gehen kann, andere zu ermutigen. Gemeinsam mit dem Abt eines Klosters arbeitete ich an der
Führungskultur eines Unternehmens. Wir hatten um
9 Uhr eine Besprechung in seinem Büro vereinbart. Für
den Fall, dass ich schon früher da wäre, hatte er mir ge-
stattet, direkt in sein Zimmer zu gehen. In diesem wartete ich auf ihn, und um Punkt 9 Uhr sah er kurz bei der
Türe rein und sagte: ,Peter, ich komme gleich. Ich muss
nur kurz hinunter, um Schwester Miriam zu ermutigen.'

Am folgenden Tag wartete ich wieder auf ihn, und um
9 Uhr rief er mich am Handy an und bat mich um etwas
Geduld: ,Ich bin gleich bei Ihnen. Ich muss nur noch
kurz in den Klosterhof, da sind Dachdecker, ich muss sie
noch ermutigen.'

Ich war verwundert: gestern ermutigen, heute ermutigen. Und als er kam, fragte ich ihn, was er beim Ermutigen tue.

,Ach, nichts. Ich geh nur hin.'

,Und wenn Sie nur hingehen, was tun Sie dann?',
drängte ich ihn, sein Geheimnis preiszugeben.

,Ich frage die Dachdecker, ob sie was brauchen. Ob
sie eh alles für die Jause haben oder ob ich noch was
besorgen soll.'

,Und das ist alles?' Ich wollte andeuten, dass da noch
mehr sein müsse.

,Ja, das ist alles.'

„Es ist wieder einmal einfach", sagte nun Phil. „Ich erkenne, dass ermutigen nicht viel mehr braucht, als zu den Leuten zu gehen und zu fragen und zuzuhören."

„Was du ganz richtig verdichtet hast. Das wird heute auch gerne als *Achtsamkeit* bezeichnet. Die Benediktiner nennen es *ermutigen*", fasste Peter zusammen. „Liebe Jana, übernimmst du auch die nächste Lektion. Ich würde es deshalb gerne dich machen lassen, weil ermutigen und die nächste Fähigkeit für Freude so nahe beieinander sind."

„Liebend gerne", freute sich Jana und überreichte Sophia die nächste Karte, auf der geschrieben stand:

# Wir hören einander zu – geduldig und genau.

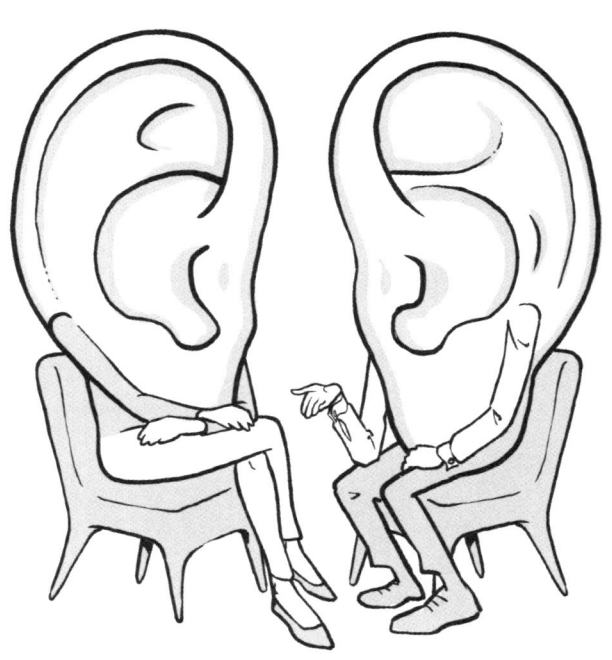

Und Sophia las laut die Kehrseite vor:

## *Vertrauensvoll arbeiten.*

Phil reagierte prompt: „Endlich kommt das Vertrauen ins Spiel. Das hätte ich schon früher erwartet, wenn nicht sogar als Einstieg in diese ‚Tugendlehre' für Freude und soziale Gesundheit."

Sophia griff den Einwand auf: „Auf den ersten Blick würde ich das auch so sehen. Vertrauen ist doch die Basis für ein sozial gesundes Miteinander. Beim genauen Durchdenken macht es jedoch andererseits wohl auch Sinn, mit der Aufrichtigkeit begonnen zu haben: ohne Aufrichtigkeit kein Vertrauen. Und der Sinn und die Würde sind wohl auch tragende Fundamente für Freude. Und das Füreinander ist als nächste Säule sicher eine Voraussetzung für Vertrauen, wie auch die Fehlertoleranz und das Ermutigen. Ich bin beeindruckt von der Stringenz eurer Gedanken."

„Wenn Phil das auch so sieht, wenden wir uns diesem großen Wort *Vertrauen* zu", begann Jana ihre zweite Lektion. „Bevor wir uns Details anschauen, würde ich gerne mit euch den Begriff Vertrauen ‚in die Hand nehmen': Was verstehen wir darunter? Was passiert zwischen zwei Menschen, die einander vertrauen?"

„Ich würde gerne zuerst bei mir anfangen: Kann ich mir vertrauen?", stieg Sophia ein.

„Gut, meine liebe, weise Sophia, Hut ab, Chapeau!", zeigte Jana auch mimisch Anerkennung. „Was passiert

dir mit dir, wenn du dir vertraust? Was ist die Voraussetzung, dass du dir vertraust?"

Phil klinkte sich ein: „Ich muss mir selbst glauben, an
mich glauben. Für mich bedeutet Vertrauen – also auch
mir selbst vertrauen –, dass ich mir glaube."

„Das können wir gerne festhalten: Vertrauen heißt
glauben. Bist du dabei, Sophia?"

„Ja. Gefällt mir. Und was heißt glauben? Ich habe
gehört, glauben heißt für wahr halten, ohne zu wissen",
packte Sophia ihr philosophisch-logisches Wissen aus.

Und Phil übersetzte umgangssprachlich: „Glauben
heißt nichts wissen."

„Daraus leite ich ab", brachte Sophia die Logik ins
Spiel, „dass Vertrauen nichts mit Wissen zu tun hat oder
dass Vertrauen auch ohne Wissen geht, ohne Z.D.F., ohne
Zahlen, Daten, Fakten."

„Genau so sehen wir das hier auch. Vertrauen wird
nicht mehr durch noch mehr Excel-Sheets", sagte
Jana. „Und da wäre dann noch zu klären, was zutrauen
bedeutet."

Nachdem Phil und Sophia offensichtlich eine Schweige-
ge- oder auch Nachdenkpause eingelegt hatten, bot
Jana eine Erklärung an: „Wenn ich im Badezimmer ein
Leck habe, so rufe ich den Installateur. Da ich ihm nicht
*vertraue,* verstecke ich mein Portemonnaie. Ich lasse
ihn jedoch gerne ins Bad, weil ich ihm *zutraue,* dass er
seinen Job macht. Anders ist es, wenn mein Sohn das
Vorzimmer betritt. Das Portemonnaie lasse ich liegen,

weil ich ihm *vertraue*. Weil ich ihm jedoch die Behebung des Schadens nicht *zutraue*, bitte ich ihn, dem Bad fernzubleiben. *Zutrauen* ist eine funktionale Größe, *Vertrauen* hingegen eine personale Größe", und Jana bat für diese letzten Worte in philosophischem Fachkauderwelsch um Nachsicht.

„Ich befürchte, wir sprechen häufig von Vertrauen, wenn wir zutrauen meinen", sinnierte Sophia.

„Du hast recht. Das ist daran erkennbar, dass wir Excel-Sheets einsetzen, um Vertrauen zu erzeugen. So geht Vertrauen nicht. Excel-Sheets sind gut geeignet, um Zutrauen zu beweisen", schloss Jana die Begriffsbestimmung ab.

„Wenn Vertrauen so nicht geht, wie geht es dann?", drängte Phil wieder einmal.

„Wollen wir nun wieder Peter holen, der authentische Erfahrungen mit Vertrauen mit euch teilen möchte?", fragte Jana.

„Ich möchte euch dazu eine wahre Begebenheit erzählen", eröffnete Peter. „Ein internationaler Konzern hatte entschieden, einen von drei Produktionsstandorten zu schließen. Sie informierten im November die Führungskräfte, dass am 24. Februar des nächsten Jahres, also in ca. zwölf Wochen, die Schließung den 800 Mitarbeitenden mitgeteilt werden würde Die Zeit bis zu diesem D-Day musste genützt werden, um die Führungskräfte auf diese für alle neue und verantwortungsvolle Führungsarbeit vorzubereiten. Es war allen klar, dass die Menschen Unterstützung brauchen würden, um die 18 Monate vom Februar bis zum definitiven *Ramp Down* – so wurde die Schließung genannt (einmal Marketing, immer Marketing) – weiterhin auf höchstem Qualitätsniveau zu produzieren. Und es wurde deutlich gesagt, dass die Eigentümer entschlossen waren, die Fabrik menschenwürdig zu schließen. Für diese Phase wurde auch sehr gewissenhaft eine Führungskraft ausgewählt, die von einem anderen Standort geholt wurde. Und ich bin gefragt worden, diese Führungskraft zu coachen, sie zu begleiten. Am ersten Tag hatte ich noch den Auftrag zu erfüllen, zu prüfen, ob auch ich der Meinung wäre, dass diese Führungskraft für diese außergewöhnliche Aufgabe die richtige sei. Nach fünf Minuten unseres Kennenlernens wusste ich es: Thomas kam auf mich zu, mit Blickkontakt, einem breiten Lächeln – auch der Augen –, und auf meine Frage, wie er es schaffen wolle, von November bis zum 24. Februar eine Vertrauensbasis herzustellen, die ihm erlauben würde, die Fabrik weitere 18 Monate zu führen, sagte Thomas: ‚Ich gehe jeden Tag runter an die Linie zu den Arbeitern.'

‚Und was machen Sie da?'

‚Nichts, ich höre zu, wie es den Menschen geht.'

Auf meine Frage, woher er diese einfache, geerdete Denkweise habe, antwortete Thomas: ‚Von meinem Onkel, der einen Bauernhof mit Kühen hat. Er geht jeden Tag zu ihnen und schaut, ob es jeder einzelnen Kuh gut geht.'

Nach diesem anschaulichen Vergleich war mir klar: Thomas ist der Richtige, es wird ihm gelingen, eine sehr stabile Vertrauensbasis herzustellen, die auch am 24. Februar halten wird, wenn seine Arbeiter erkennen, dass er von der Schließung schon seit seinem Einstieg gewusst haben musste. Diese Zusammenarbeit mit Thomas gehört zu den sinnvollsten Beiträgen, die ich je leisten durfte. Eine Fabrik menschenwürdig zu schließen, bei gleichzeitig höchster qualitativer Leistung. Die Firma war Halbleiter-Hersteller mit Reinraumqualität", ließ Peter sein emotionales Berührtsein durch diese Geschichte deutlich spüren.

„So geht Vertrauen", sagte Sophia. „Ich versuche zusammenzufassen: zu den Menschen gehen, Blickkontakt halten, zuhören."

„Genau so", bestärkte Peter und reichte Sophia eine Karte, auf der geschrieben stand:

# *Vertrauen entsteht durch Nähe, Blick, Zuhören.*

Und auf der Kehrseite war zu lesen:

## *Vertrauensvoll arbeiten.*

„So einfach geht Vertrauen", zeigte sich Phil nachdenklich. „Warum hatten wir dazu einen Dreitagesworkshop, Sophia?"

„Ja, warum sind wir an diesen drei Tagen nicht *einfach* zu den Kollegen und Kunden gegangen!", ereiferte sich Sophia.

„Ich spüre, das gefällt euch, Vertrauen so einfach aufzubauen. Ohne Z.D.F. Allein durch eure Person und eure Beziehungen", verstärkte Peter.

„Und ich gebe euch noch eine weitere durch und durch praktische Regel mit:

# *Wir halten, was wir versprechen.*

Auf der Kehrseite fand Sophia ein weiteres Mal die Worte

## *Vertrauensvoll arbeiten.*

„Und morgen geht's wieder zu Sigrid, die schon das nächste Kapitel vorbereitet hat", schlug Peter vor.

## WOCHE 1, TAG 5

„Da seid ihr ja wieder! Schön euch zu sehen! Und, wie gefällt euch all das, was wir so machen?", wollte Sigrid wissen. „Ist das alles nicht bestechend einfach!" Ohne eine Antwort abzuwarten, organisierte sie den Experten für die nächste Fähigkeit zur Freude: „Florian, kommst du bitte in die Empfangszone, unsere Wirtschaftsphilosophen sind da."

„Hallo, ich bin Florian. Ich bin der, der den Burnout hatte. Deshalb meinte Sigrid, ich wäre der Geeignetste zum Thema FLOW", sagte Florian und überreichte eine Karte, auf der geschrieben stand:

# Wir arbeiten im FLOW.

„Ihr habt vielleicht schon von dem amerikanischen Psychologen Mihály Csíkszentmihályj gehört, der den Begriff FLOW in der Unternehmenswelt verankert hat."

Phil waren sowohl der Begriff FLOW als auch der unaussprechliche ungarische Name unbekannt. Sophia hatte schon mal vom FLOW gehört und damals gedacht, das sei so ein vergängliches Modewort. Sie drehte die Karte um und las laut vor:

## Wir arbeiten im rechten Maß. Wir sind weder über- noch unterfordert.

„Das klingt schon ganz nach einer praktischen Regel für den Arbeitsalltag", begann Phil die Anwendbarkeit des FLOW zu dämmern.

„Du hast erkannt, dass Überforderung leicht verständlich ist, wie auch die Unterforderung. Und für uns hier ist *das rechte Maß* die deutsche Übersetzung von *FLOW.*"

Sophia rückte näher an Florian heran: „Wie kommt ihr auf diese Worte *das rechte Maß?*"

„Ich möchte euch nicht mit der geschichtlichen Herleitung langweilen. Euch geht es doch um praktische Lebensregeln."

„Bitte, Florian, langweile uns, woher habt ihr das?", bohrte Sophia nach.

„Ja, Phil, das musst du dann über dich ergehen lassen, wenn Sophia so insistiert. – Wenn du darauf bestehst,

Sophia. *Das rechte Maß* ist die Mutter aller Tugenden. Phil, willst auch du jetzt noch mehr hören?"

Phil lächelte resignierend: „Aber ja doch."

„Ich mach es kurz. Das steht im ältesten Leitbild der Welt, dem der Benediktiner. In der Regel des heiligen Benedikt, geschrieben von 530 bis 540 n. Chr. im Kloster von Monte Cassino." Florian sah aus den Augenwinkeln, wie Phil gelangweilt den Blick nach oben richtete. Florian ließ sich davon nicht beirren und fuhr fort: „Und hinter dem rechten Maß steht die Forderung nach der Balance zwischen Über- und Unterforderung. Für uns sind *FLOW* und *das rechte Maß* das Gleiche. So Schluss, lieber Phil, mit der Geschichte. Auch wenn sie über die Regeln des erfolgreichsten ‚Konzerns' der Welt berichtet."

„Und was ist der Grund, dass heutzutage so viele nicht im FLOW sind? Was hat dich in den Burnout getrieben?", wollte unser Adrenalin-Junkie und selbsternannter Workaholic Phil nun von Florian konkret wissen.

„Ich war überfordert, weil meine Fähigkeiten den Anforderungen nicht gewachsen waren. Das ist das Grundmuster, wenn wir den Korridor des FLOW verlassen. Es war ganz konkret im Februar 2009. Ihr erinnert euch an Lehmann Brothers im September 2008. Die Immobilienblase ist geplatzt. Und im Februar war es so weit: Kein Politiker, kein Wirtschaftsboss, kein Banker wusste, was morgen sein würde. Ich möchte jetzt gerne Johannes einbinden, der euch authentisch von seinem

FLOW-Schlüsselerlebnis im Februar 2009 berichten kann."

Johannes, der Coach, trat an den Stehtisch heran und begann zu erzählen: „Was ich euch nun schildern werde, ist tatsächlich geschehen. Der Treasurer der Bank sagte mir vertraulich: ‚Ich weiß nicht, wo ich für übermorgen das Geld herbekomme.' Damals begriff ich ganz plötzlich, was das Wesen einer Bank ist: Es geht um Geld, um Geld, das verfügbar ist. Kein Geld, keine Bank.

Der Treasurer sagte mir das nach meiner 20-minütigen Rede vor den Führungskräften der Bank, während der ich auf dem Flipchart zwischen der x-Achse mit den Fähigkeiten und der y-Achse mit den Anforderungen den Korridor des FLOW einbettete. Ich stellte fest, dass alle Anwesenden extrem hohen, weil noch nie da gewesenen Anforderungen gegenüberstanden – sie waren auf der y-Achse also ganz oben und außerhalb des Korridors. Und ich erkannte, dass deren Fähigkeiten gegen null tendierten, weil sie – so wie alle zu der Zeit – über kein Erfahrungswissen verfügten. Sie waren auf der x-Achse also ganz links. Meine Conclusio damals: Sie sind ganz oben links im Feld der Überforderung, sie sind im Bereich der Angst. Und ich habe mir in Erinnerung gerufen, dass der Begriff *Angst* von *Enge* kommt und wir, in die Enge getrieben, gestresst sind. Angst und Stress sind die Folgen von Enge – finanzieller Enge, zeitlicher Enge usw. Wir waren kollektiv in die Enge getrieben. Einer der Zuhörer wollte von mir wissen, was er nun tun sollte. Ich antwortete, dass die Anforderungen des Marktes derzeit nicht beeinflussbar seien. Um nach rechts in den Korridor des FLOW zu kommen, sei es notwendig – und es sei der einzige Weg –, die Fähigkeiten so schnell wie möglich an die Situation anzupassen. Ich zeichnete einen Pfeil vom Angst-Punkt nach rechts in den Korridor des FLOW. Er fragte mich leicht gereizt, wie das gehen solle. Meine Antwort war: ‚Was Sie tun müssen, um Ihre fachlichen Fähigkeiten rapid zu verbessern, kann ich als Nichtbankexperte nicht beantworten. Als Führungskraft ist es Ihre Aufgabe, sich um die Menschen, für die Sie die Verantwortung tragen, täglich und verstärkt zu kümmern. Und Sie müssen als Führungskraft Zuversicht ausstrahlen. So können Sie dazu beitragen, dass die Mitarbeiterinnen und Mitarbeiter ihre Angst in den Griff bekommen. Sie haben vielleicht trotzdem Angst, aber die Angst hat nicht mehr sie."

Florian ergriff das Wort: „Diese Anekdote – also eine Geschichte mit Wahrheitsgehalt – von unserem Coach Johannes hat mir in meiner Burnoutphase den Weg gezeigt: Es geht darum, meine Fähigkeiten zu verbessern, und zwar in allen Dimensionen - in der fachlichen, aber auch vor allem in allen menschlichen Dimensionen. Und ich war derjenige, der einforderte, dass sich bei uns etwas ändern musste. Peter, Johannes und deren Team wurden engagiert. Und als Peter im ersten Workshop seine Frage stellte ‚Was muss gleich bleiben, damit mit Sicherheit nichts besser wird?', kam nicht nur von mir die Antwort: alles. Unser Chef reagierte nach diesem

‚Angriff' großartig. Nicht nur, dass er den Kulturprozess persönlich in die Hand nahm, also zur Chefsache machte, er war auch in den Workshops dabei. Und er strahlte Zuversicht aus. Wir mögen das Wort *Culture Change* hier zwar nicht – ihr habt schon erkannt, dass wir Schlagwörter vermeiden –, aber wir haben tatsächlich einen richtigen Wandel geschafft. Wir wollten wieder ins rechte Maß kommen, und wir arbeiten nun wieder im rechten Maß. Wir sind wieder sozial gesund."

„Ihr habt also daran gearbeitet, euch schnell wieder aufzurichten", präzisierte Sophia.

„Exakt. Johannes hat mit uns an unserer Resilienz, dem Steh-auf-Menschen-Prinzip, gearbeitet. Mich hat das aus meinem Burnout geführt und gefestigt. Und er ist begleitend bei uns geblieben. Und er hat uns begleitet mit einem für uns ganz neuen Konzept, dem der *Kollegialen Beratung.*"
„Ach ja, die *Kollegiale Beratung.* Was hat es damit auf sich?", fragte Sophia gespannt.

Johannes ergriff das Wort: „Das Konzept der *Kollegialen Beratung* ist sehr pragmatisch. Es gibt Antwort auf das Problem, dass wir Menschen nach Schulungen, Seminaren, Vorträgen nach vier Wochen nur noch ca. 15 Prozent wissen. Deshalb ziehen wir hier Schleifen, um das Gehörte zu verfestigen. In vorher definierten Zeitabschnitten kommen wir zusammen und beraten einander als Kollegen zu vorher vereinbarten Themen. Die *Kollegiale Beratung* folgt mit folgenden Schritten klaren Kriterien: In einer Gruppe von fünf bis acht Personen werden momentane, ungelöste Fälle eingebracht. Es muss ein reales Problem, eine echte Herausforderung sein. Die Fallbringer und -bringerinnen sind direkt davon betroffen. Der Fall ist für den Kreis der *Kollegialen Berater* verständlich, d. h. nicht zu spezialisiert und nicht zu komplex. Der Kreis setzt sich aus unterschiedlichen Abteilungen und Funktionen zusammen. Jede Sitzung dauert zwischen 60 und 90 Minuten. Der jeweilige Fallbringer oder die jeweilige Fallbringerin schildert den Fall und ist gegenüber den Lösungsvorschlägen anderer offen. Mehrere Berater und Beraterinnen stellen Fragen, diskutieren, bieten Lösungsansätze an. Ein Moderator oder eine Moderatorin führt durch den Prozess, achtet auf die Zeit und Disziplin und hält die Ergebnisse schriftlich fest."

„Wie lange sind die Intervalle zwischen den Sitzungen?", wollte Sophia noch wissen.

„Unsere Erfahrung zeigt, dass wir zwei Monate nicht überschreiten sollten. Es gibt viel Beratungsbedarf, der durch die Problemlösungskapazität der Kolleginnen und Kollegen beantwortet wird. Beinahe alles notwendige Wissen ist in den Köpfen und auch Herzen der Menschen einer Firma vorhanden. Wir aktivieren es nur noch. Das ist der Kern der *Kollegialen Beratung:* Gemeinsam, miteinander und füreinander meistern wir unsere Herausforderungen durch kurzfristiges Kooperieren."

Und Florian, der FLOW-Experte, ergänzte: „Mir ist noch wichtig, darauf hinzuweisen, dass unsere *Kollegialen Beratungsschleifen* uns helfen, gemeinsam im FLOW zu sein.

Wir haben gleichsam ein Frühwarnsystem installiert, um kurzfristig und vernetzt unsere Probleme in den Griff zu bekommen. Uns allen hat es sehr geholfen und mir als ‚Ausgebranntem' besonders. Wir achten gemeinsam sehr genau darauf, einer Überforderung schnellstens entgegenzuwirken, um wieder das rechte Maß herzustellen."

„Klingt bestechend effektiv und effizient", sagte Phil. „Dieses Konzept der *Kollegialen Beratung* nehme ich ganz sicher mit von hier."

„Was macht ihr jedoch, wenn es trotz der *Kollegialen Beratung* kracht. Wenn ihr so richtig streitet?", wollte Sophia wissen.

„Dazu wird euch mein Kollege Claude mehr sagen können. Es geht dir darum, wie wir im Konflikt miteinander umgehen. Ich rufe Claude, wenn es euch recht ist." Mit diesen Worten verabschiedeten sich Johannes und Florian, der noch das Cartoon zum „Rechten Maß" überreichte.

„Ich spüre, ihr wollt heute noch dieses wichtige Thema zur Freude angehen. Wenn ich euch so ansehe, so habe ich den Eindruck, dass ihr am Rande des FLOW-Korridors seid", begrüßte Claude unsere Kulturphilosophen. „Ich freue mich schon auf unsere Arbeit. Doch heute sollt ihr das Gehörte erst einmal verdauen und vor allem das rechte Maß praktizieren. Ich gebe euch jedoch eure neue Karte, über die ihr heute schon reflektieren könnt."

Auf der Karte stand geschrieben:

# Nur Unausgesprochenes hat negative Energie.

## WOCHE 2, TAG 6

„Wir haben uns gestern noch im Kaffeehaus zusammen-
gesetzt und eure FLOW-Regeln reflektiert und an unserem Unternehmen gespiegelt. Das ist bei uns eine große
Baustelle, eine sehr große. Wir sind immer am Limit",
eröffnete Sophia das Gespräch mit Claude. Und Phil
stimmte ihrer Analyse der Problemlage seines Unternehmens zu: „Für kurze Zeit hält es jeder von uns in der
Zone der Überforderung aus. Nur wenn wir über lange
Zeit dort bleiben und wir die externen Anforderungen
nicht reduzieren können – das Rad des Wachstums, des
Fortschritts dreht sich unaufhörlich weiter –, dann geht
die Kraft aus, auch die notwendige Kraft, um an der Verbesserung der eigenen Fähigkeiten und der des Unternehmens zu arbeiten. Vielleicht hast du für uns uns
nicht bekannte Lösungsmöglichkeiten erkannt!", meinte
Phil hoffnungsvoll.

„Und dann erstmal einen schönen guten Morgen, ihr
interessierten Freunde. Euer Hierbeiunssein tut uns
allen übrigens gut. Eure Fragen ermöglichen uns, unsere
Gedanken noch einmal auf den Prüfstand zu stellen. Ihr
habt sicher schon die Kehrseite der Karte studiert."

„Ja, wir freuen uns schon auf diese Fähigkeit für sozial
gesundes Miteinander, und somit für die Freude, die da
heißt:

## Konfliktfähig sein.

„Das sollten wir wohl alle beherrschen", signalisierte Sophia starkes Interesse.

„Und gleich direkt heraus damit: Nichts verhindert die Freude so sehr wie der Konflikt", stieg Claude in das Thema ein. „Der Konflikt verunmöglicht unser gutes Zusammensein. Er stört, und er zerstört sogar die Regeln für die funktionale Kooperation, also nicht nur die für die zwischenmenschliche Zusammenarbeit. Er eliminiert das Füreinander in der Wertschöpfungskette. Er ist *das* Krebsübel, das Effektivität und Effizienz reduziert. Und er entsteht verstärkt in der Überforderung. Im FLOW kriegen wir alles leichter hin. Selbst das Lösen der Konflikte."

Claude gab ihnen eine Karte, auf der geschrieben stand:

# *Nichts kostet so viel Geld wie ein Konflikt.*

Sophia konnte nicht mehr an sich halten: „Und ist es nicht grotesk, dass in die Buchhaltungen dieser Welt der Aufwand des Konfliktes nicht Eingang findet. Es gibt unter dem Personalaufwand keine Subkonten, die uns Klarheit darüber geben könnten, was der Konflikt kostet.

Das bedeutet: Wenn das Personal in fast allen Unternehmen der größte Aufwandsposten ist, dann erzeugen wir da keine Bilanz-KLARHEIT und auch keine Kosten-WAHRHEIT. Unsere heiligen Kühe, die Zahlen, sind nicht klar und nicht wahr. Und auch die Aktiv-/Passiv-Posten der Bilanz haben eine Transparenz-Lücke: Es fehlt die Position PERSONAL. Es fehlt die menschliche Leistung, auch wenn alle sagen: Das Personal ist unsere wichtigste Ressource. Spannend ist doch, dass Manager Unternehmen steuern, obwohl ihnen die Kennziffer für die größte Aufwandsposition fehlt. ‚Wir lenken mit unvollständiger Information, dessen sind wir uns bewusst‘, sagte mir ein realistischer Finanzchef."

„Liebe Sophia, danke. Du hast bereits das gesagt, was ich auch einbringen wollte. Dann können wir die Grauzone der Zahlen als abgehakt betrachten und nun den Fokus auf den Menschen richten. Eines vorweg: Konflikte können nur mit einem gerüttelt Maß an Humor gelöst werden. Ein Konflikt ist wie ein Gordischer Knoten, unentwirrbar. Ihr wisst, wie Alexander der Große den Gordischen Knoten gelöst hat?"

„Mit seinem Schwert", wusste Phil. Das war offensichtlich Phils Abteilung.

„Genau. Unser Schwert für den Gordischen Knoten *Konflikt* ist der Humor. Diese Erkenntnis war uns eine Karte wert:

# Der Knoten eines Konfliktes lässt sich nur mit HUMOR lösen.

Claude fuhr fort: „Ich möchte über alle Menschen schmunzeln können. Und über mich schallend lachen. Sind wir nicht eine eigenartige Spezies?! Irgendwann sollten wir erkennen, dass wir trotz all der ‚Größe‘, die wir im Lauf der Evolution erreicht haben, im Grunde alle kleine Würstchen sind. Das ist nicht weiter schlimm. Schlimm ist nur, dass jeder das größere kleine Würstchen sein möchte. Wir wollen alle Anerkennung, Geltung und auch – zumindest ein bisschen – Macht. Wir wollen also unsere narzisstischen Bedürfnisse befriedigen. Unser Narzissmus steht uns beim Lösen von Spannungen jedoch häufig im Weg", lenkte Claude die Gedanken direkt zu den großen Brocken, die aus dem Weg zu räumen waren.

Und diesmal ereiferte sich Phil: „Und was ist mit unseren aggressiven Bedürfnissen? Ich denke an diese aufgekochte Stimmung in manchen Sitzungen, dominiert vom Kampf – vom destruktiven Kampf jeder gegen jeden, ohne das Problem im Auge zu haben, weswegen man zu der Sitzung zusammengekommen ist. Der Kunde, um den es gehen sollte, kommt häufig nicht mehr vor."

„Mit eurer Erfahrung werden wir schnell vorankommen. Den ‚größeren kleinen Würstchen' geht es in erster Linie um die Hackordnung in der Gruppe. Die Nummer eins, Alpha, möchte Alpha bleiben. Und dafür werden die ‚Künste' des Kämpfens, Besiegens, Streitens eingesetzt, unterstützt durch Schlagfertigkeitstechniken und Kampfrhetorik. All das kostet das Geld des Unternehmens. Das sind die Kosten der Konflikte, die nicht in die Buchhaltung einfließen. Und ist es nicht paradox, dass Mitarbeiter zuerst in Kampftechniken wie Schlagfertigkeit und Kampfrhetorik zu nicht gerade geringen Kosten geschult werden, die sie dann hausintern gegen Kollegen einsetzen?"

„Was ist für dich die Definition des Begriffs *Konflikt?*", wollte Sophia von Claude wissen.

Dieser zückte eine Karte, auf der geschrieben stand:

# M + *E* = *K*

# *Meinungsverschie-denheit plus EMOTION ergibt den Konflikt.*

„Der Wesenskern eines Konfliktes ist die Emotion, die destruktive und aggressive. Eine sachliche Meinungsverschiedenheit ist kein Problem. Das Wort Konflikt kommt von *confligere, aufeinanderprallen.* Meinungen prallen nicht aufeinander, die tauschen wir aus. Die Lösung dieser Gleichung des Konfliktes ist leicht, zumindest logisch. Psycho-logisch hingegen schwer. Es geht ‚nur' darum, die Emotion rauszuziehen. Und das setzt Vernunft voraus. Wenn ihr mit jemandem einen Konflikt habt, muss zumindest eine der beiden Konfliktparteien zur Vernunft zurückkehren. Und das solltet ihr sein."

„Was muss ich also tun, wenn ich mit jemandem aneinanderkrache?", wurde nun auch Sophia heftig.

„Lies noch einmal die Vorderseite der Karte", empfahl Claude.

Sophia las laut vor: „*Nur Unausgesprochenes hat negative Energie.* Okay. Das heißt, ich muss ansprechen, was die Emotion auslöst?"

„Ja. Die Konfliktregel Nummer eins ist ganz einfach:

# *Wahrnehmen und ansprechen.*

Wichtig ist, dass das Ansprechen rasch geschieht. Die Benediktiner-Regel ‚Bei einem Streit sollst du vor Sonnenuntergang zum Frieden zurückkehren' erschien uns leider nur selten realisierbar, obwohl sie sehr guttun würde. Man könnte gut schlafen."

„Jetzt begreife ich den Aushang *Wahrnehmen und ansprechen* im Foyer", sagte Phil mit nachdenklicher Miene. „Das kann aber nicht alles sein!"

„Es ist nicht viel mehr. Es ist verblüffend einfach. Die destruktive Energie geht mit dem Ansprechen und dem anschließenden Aussprechen durch den Konfliktpartner Wort für Wort aus uns raus. Und übrig bleibt die Meinungsverschiedenheit, die sachliche und rationale. Noch ein ganz konkreter Tipp: Sprich die Emotion deines Gegenübers direkt an, z. B: ‚Du bist sauer.' Das wirkt Wunder. Oder z. B.: ‚Du hast Sorge wegen der Ausländer.' Du wirst sehen, wie überrascht dein Gegenüber sein wird, dass da jemand ist, der sich tatsächlich einfühlt und es auch noch wagt, das anzusprechen, was stört. Und ihr werdet sehen, wie gut es tut. Und wenn dann noch ein Schmunzeln gelingt …"

„Fällt das unter *aktives Zuhören*?", wollte Sophia wissen.

„Ja, oder auch unter Paraphrasieren, non-direktive Fragetechniken, Verbalisieren – alles Techniken, die in den 60er Jahren gefunden worden sind. Wichtig: *gefunden, nicht erfunden.* Durch genaues Beobachten haben die Experten vom MRI, dem Mental Research Institute, in Palo Alto – also im Silicon Valley, als dieses noch frei von Silikon war – in der Praxis entdeckt, wodurch manche Menschen in der Lage waren, Konflikte rascher zu lösen als andere. Oder auch Kritik besser anbringen konnten. Das führt uns zur nächsten Fähigkeit für Freude", deutete Claude das Ende der Lektion an. „Macht nun eine kleine Pause, wenn es euch recht ist, und dann kommt Michael zu euch für das nächste Kapitel."

„Eine Frage: Wie geht's euch mit Kritik? Hallo, ich bin Michael. Ihr seid ja schon recht weit."

„Kritik brauchen wir, damit wir besser werden. Sie bringt uns weiter", sagte Sophia mit Überzeugung. Und Phil stimmte kopfnickend zu.

„Ich habe nicht gefragt, wozu Kritik dient, sondern wie es euch mit Kritik geht. Also nicht die rationale Begründung für Kritik, sondern was euch euer Gefühl sagt. Oder anders: wie eure Amygdala reagiert und nicht eure grauen Zellen des Neocortex", präzisierte Michael seine Frage. „Um mich persönlich einzubringen: Ich mag Kritik nicht. Jahrelang habe ich an mir gearbeitet und mühevoll meine Identität zusammengebaut. Wenn dann jemand kommt und diese in Frage stellt, dann fühle ich mich oft verletzt, gekränkt, beleidigt."

„Nun, angenehm ist mir Kritik auch nicht", gab Phil zu. Und diesmal pflichtete Sophia bei.

„So offen, wie wir drei miteinander umgehen, können wir in den praktischen Alltag einsteigen. Machen wir eine kleine Übung mit alltäglichen Sprachbeispielen. Ihr kennt diesen Satz: ‚Kannst du nicht aufpassen!' Oder: ‚Muss das sein!' Oder: ‚Sag bitte, wie geht's dir?!' Welche Sätze mit ähnlicher Qualität kommen euch in den Sinn?"

Michael hatte noch nicht zu Ende gesprochen als Sophia schon loslegte:

- *Typisch!*
- *Das war ja klar!*
- *Na das schaut dir ähnlich!*
- *Das kann nur dir passieren!*

Michael machte große Augen: „Ja, fantastisch! So also sprecht ihr bei euch! Sigrid, komm bitte kurz dazu und mach mit. Das wird sehr gut."

Nach nicht mal 30 Minuten war eine Liste mit alltäglichen Vorwürfen und Beleidigungen fertig:

- *Da hättest du von alleine draufkommen können*
- *Warum habt ihr nicht … auch noch gemacht?*
- *Das stehst nicht durch.*

- *Das ist wirklich dein Ernst?*
- *Spiel dich nicht mit mir!*
- *Nicht schon wieder!*
- *Das hab ich von dir nicht erwartet.*
- *Warum passiert das immer nur dir?*
- *Hast du das noch immer nicht verstanden?*
- *Du wirst es nie lernen!*
- *Was hast du da wieder gemacht?*
- *Jedes Mal das Gleiche.*
- *Das war eh klar!*
- *Was hast du dir dabei gedacht?*
- *War das jetzt wieder notwendig?*
- *Hörst du mir eigentlich zu?*
- *Das ist ja wieder typisch.*
- *Ist das dein Ernst?*
- *Bist du mit der Nummer noch frei?*
- *Du schon wieder.*
- *Hab ich dir ja gleich gesagt.*
- *Das hab ich dir jetzt schon fünf Mal erklärt.*
- *Kannst du bitte einmal was richtig machen!*
- *Ich habe nichts anderes erwartet.*
- *Kannst du das nicht verstehen?*
- *Was soll das schon wieder?*
- *Dafür braucht man normalerweise nicht länger als ...!*
- *Da hast du dich ja wieder ausgezeichnet.*
- *Na, das war wieder notwendig.*
- *Da können wir uns jetzt was drum kaufen ...*
- *Du hast deinen Horizont erreicht.*

- *Ich begebe mich jetzt mal auf dein Niveau.*
- *Etwas anderes habe ich mir von dir auch nicht erwartet.*
- *Gratuliere. Patient tot.*

„Das hat richtig gut getan", freute sich Phil. Und Sophia schloss sich an:

„Ja, das öffnet die Augen für das, was zwischen uns Menschen so abgeht."

„Und weil es so alltäglich ist, wird es uns gar nicht mehr bewusst, wie wir andere im Vorbeigehen verletzen", fügte Sigrid hinzu.

„Wir haben diese Übung auch gemacht, und unsere Liste hing einige Zeit in der Kaffeeküche zur Abschreckung. Wir haben einander versprochen, mit dieser Sprache aufzuhören."

„Und ist es euch gelungen?", wollte Sophia wissen.

„Ja, bis auf gelegentliche Ausrutscher. Wir haben uns sehr intensiv bemüht, diese Art von Gewaltkommunikation zu beenden", sagte Michael.

„Das also ist Gewaltkommunikation?", fragte Phil. „Das ist doch ganz normal."

„Was soll es denn sonst sein außer Gewalt? Liebeserklärungen sind das nicht, oder? So machen wir einander klein. Wir wollen einander aber größer machen. Pygmalion statt Andorra, erinnert ihr euch?"

„Wie seid ihr denn auf diese Erkenntnis gekommen?", wollte Sophia wissen.

„Das haben wir dem Psychologen Marshall B. Rosenberg zu verdanken. Er hat entdeckt, wie wir einander auf diese gewaltvolle Art und Weise kritisieren. Und wir wundern uns dann, dass der andere sich verteidigt, rechtfertigt oder sogar Gegenangriffe startet. Die Spirale der Gewalt beginnt sich zu drehen. ‚Der Gott des verbalen Gemetzels' schlägt zu. Rosenberg suchte nach einem Ausweg. Und hat ihn gefunden. Er entwickelte die Regeln für das gewaltfreie Feedback."

„Davon hab ich schon gehört. Jetzt bin ich aber neugierig, wie das geht", drängte Sophia.

„Ganz einfach: Wir sagen, was wir wahrnehmen. Und zwar nicht wertend - z. B.: Wenn jemand zu spät zur Sitzung kommt, sagen wir nicht mehr vorwurfsvoll ‚Du bist unpünktlich.' Das ist eine Bewertung, keine Beschreibung. Stattdessen beschreiben wir, was wir wahrnehmen: ‚Es ist zehn Minuten nach 9 Uhr. Wir haben 9 Uhr vereinbart.' Und damit der andere weiß, wie es uns dabei geht, teilen wir ihm – nach der sachlichen Beschreibung – unser Gefühl mit: ‚Ich bin leider ein Pünktlichkeitsfanatiker. Ich werde da stinksauer. Ich kriege das aus mir leider nicht mehr raus. Darum bitte: 9 Uhr ist bei mir 9 Uhr. Ist es dir möglich, das zu akzeptieren?'"

„Und das schafft ihr tatsächlich?", zweifelte Phil.

Da trat Sigrid lächelnd auf den Plan: „In der ersten Zeit war es nicht so leicht. Und wir hatten einen Riesenspaß, wenn wir immer wieder in die verbalen Grausamkeiten zurückfielen. Der Unterschied: Wir wurden uns der Grauslichkeiten bewusst. Und wir lachten viel. Und wir übten miteinander. Es war wirklich lustig. Und jetzt haben wir Sätze von der Qualität, die wir soeben gesammelt haben, aus unserer Sprache eliminiert. Und Vorwürfe haben wir durch Feedbacks ersetzt. Wir schätzen es, dass wir die Gewalt aus unserer Sprache draußen haben."

Und Michael zückte die nächste Karte, auf der geschrieben stand:

# Beschreiben statt bewerten ist die höchste Form sozialer Kompetenz.

Und Phil las die Fähigkeit für sozial gesundes Miteinanderumgehen auf der Rückseite vor:

## *Kritikfähig sein.*

„Nun, dann werden wir das auch probieren – und sicher gemeinsam so richtig viel Spaß haben, wenn wir peu à peu die ‚lustige' Gewaltkommunikation ausmerzen. Nicht wahr, Phil?!" Phil verzog das Gesicht: „Ja, so richtig viel Spaß! Vor allem du wirst mit mir Spaß haben, liebe Sophia. Ich bitte dich, sei gnädig und nachsichtig. Alles andere wäre mir gegenüber grausam. Und das ist Gewalt", versuchte Phil es mit Humor zu nehmen.

„Das fängt ja schon vielversprechend an. Es wird dir gelingen, Phil, vor allem mit dieser Selbstironie. Dann wünsche ich euch viel Erfolg", verabschiedete sich Michael und händigte noch das Firmen-Cartoon zur gewaltfreien Kommunikation aus.

Sigrid fragte die beiden neugierigen Gäste, ob sie nach einer Pause noch genug Energie für Rainer hätten, der sie auf neue Wege führen wolle. „Klingt gut", meinte Phil, und sah zu Sophia, die auch noch wissbegierig wirkte. Nach einer kurzen Erholung brachte Sigrid sie ins Büro von Rainer.

„Ich hab schon von eurem Interesse gehört: Wodurch geht es Menschen beim Arbeiten in einem Unternehmen gut. Ihr kennt schon unser Kartenspiel", stieg Rainer direkt ins Thema ein und überreichte eine Karte, auf der geschrieben stand:

# Wir sind neugierig auf neue Wege.

Und auf der Kehrseite stand zu lesen:

## *Innovationsfreude.*

„Wir waren uns zu Beginn nicht einig, ob die Fähigkeit zur Innovation notwendig ist, um Freude an der Arbeit zu haben. Unsere Buchhalterin hat uns dann auch noch bestätigt, dass sie gerne arbeiten geht, obwohl sie mehr oder weniger nur in Routine ihre Aufgabe erledigt. Selten kommt etwas Neues auf sie zu", war der irritierende Einstieg von Rainer.

„Es mag sicher Jobs geben, die nichts Neues hervorbringen. Ich für mich allerdings brauche Neues, damit ich Spaß habe. Ich brauche Adrenalin, den Stress, die Herausforderung", legte Phil los.

„So wie du hat bei unserem Kulturworkshop die Mehrheit reagiert, und Peter und Johannes haben es akzeptiert, dass wir Innovation zu unseren Fähigkeiten für Freude hinzufügen wollten, obwohl Freude auch ohne Innovation geht", erklärte Rainer. „Dann wurde es für uns aber wirklich herausfordernd, als wir die Fragen von Peter und Johannes in Teamarbeit beantworten mussten: Was ist Innovation? Wie kommt Innovation zustande? Und: Wie entsteht Interesse?"

Und Rainer schlug vor, dass Phil und Sophia diese Fragen erst einmal selbst beantworten sollten.

Nach den vorgegebenen 20 Minuten startete Sophia die Präsentation: „Innovation ist eine neue Idee, für die auf dem Markt Geld bezahlt wird", definierte Sophia das Ergebnis mit Stolz in der Stimme. „Wir haben nichts von noch so guten neuen Ideen per se. Wir haben nur von solchen Ideen etwas, die uns Geld bringen. Ansonsten sind es eben nur neue Ideen, jedoch keine Innovationen."

„Akzeptiert", meinte Rainer mit einem verstärkenden Kopfnicken. „Und wie entstehen Innovationen?"

Phil stieg ein: „Du hast uns mit der dritten Frage die Antwort schon vorgegeben. Neue Ideen entstehen dann, wenn wir uns für etwas interessieren. Die Gretchenfrage ist jedoch: Wie entsteht Interesse? Und darauf haben wir in der kurzen Zeit keine Antwort gefunden."

„So ist es auch uns ergangen. Woher rührt unser Interesse? Wir kamen dem Ursprung auf die Spur, als wir uns Menschen vorstellten, die klar ihr Interesse zeigen. Und eins, zwei, drei waren wir bei den Kindern, die mit uns lebten. Und deren Interesse uns nicht selten ganz schön herausforderte, wenn nicht sogar auf die Nerven ging. Und wir erkannten sehr rasch und ganz klar, wie deren Interesse entstanden ist. Aus der Neugierde. Die herausragende Eigenschaft eines Kindes ist die Neugier – die Gier nach Neuem. Sie müssen entdecken, sich in Neues hineindenken, sich Neuem hingeben. Auch erwachsene Kinder werden davon getrieben, von der Suche nach Neuem und neuen Wegen.

Das gehört zur kindlichen Natur, auch zu der von erwachsenen Kindern. Also von Menschen, die offen sind für die Welt, deren emotionalen Ein- und Ausgänge noch nicht allzu stark verschüttet worden sind. Zur Innovationsfreude brauchen wir, dass wir aufmerksam und achtsam sind. Und dass wir – darauf aufbauend – selbstwirksam sind."

Sophia unterbrach Rainer: „Ich muss was einbringen, was wir hier schon gelernt haben und was gut zur Neugier passt. Antoine de Saint-Exupéry sagte in seinem Buch ‚Der kleine Prinz': ‚So habe ich im Laufe meines Lebens mit einer Menge ernsthafter Leute zu tun gehabt. Ich bin viel mit Erwachsenen umgegangen und habe Gelegenheit gehabt, sie ganz aus der Nähe zu betrachten. Das hat meiner Meinung über sie nicht besonders gut getan.'"

„Ja, wir Erwachsene sind sehr oft ernsthaft. Erwachsene Kinder können beides sein: ernsthaft und geistig verspielt. Sie bewahren sich, statt der Gier nach Geld, die Gier nach Neuem. Daraus entsteht Geld. Geld entsteht aus der Innovation. Und die entsteht aus der Innovationsfreude. Diese Freude bleibt uns erhalten, wenn wir ohne Angst neue Wege gehen können. Ihr erinnert euch: Deshalb prämieren wir den ‚Fehler des Monats'. Durch eine Fehlerkultur, die Angstfreiheit fördert, wagen wir es, die eingefahrenen Wege zu verlassen, von den Highways der Bequemlichkeit abzufahren und von den Spuren des Immergleichen abzuweichen. Möglich, dass deshalb viele Erfolgshungrige aus der Sehnsucht nach Abenteuern SUVs fahren – in der Stadt."

„Was fährst du?", bohrte Phil nach. „Nein, warte! Ich erahne es: Du hast kein Auto und keinen Führerschein."

„Bingo, gewonnen. Dazu hätte ich keine Zeit und Muße. Als Verantwortlicher für die Innovation benutze ich die Öffis, in denen ich meinen Gedanken nachhängen und sie notieren kann. Ich schreibe fast unentwegt auf meinem Smartphone. Mein letztes Buch habe ich so nur mit dem Daumen geschrieben und es dann an mich gemailt. Und als ich dann hier hereinkam, habe ich den Inhalt des Mails nur mehr transferiert und frisiert, gebrushed. Es war so toll! Neue Wege gehen. Das leben wir hier, mit Spaß, einer gewissen Leichtigkeit des Seins, mit Freude. Es ist so richtig schön hier!"

Es entstand eine Pause, in der niemand etwas sagte.

Phil durchbrach das Schweigen: „Und wie messt ihr eure Innovationsrate?"

„Phil!", rief Sophia genervt. „Du kannst mir wirklich die Freude rausziehen mit so einer Hardcore-Frage."

„Nein, Sophia", versuchte Rainer die peinliche Situation zu retten. „Phil stellt die richtige Frage. Wir messen selbstverständlich. Unser KPI – Key Processing Indicator – für Innovation stellt den Umsatz der neuen Produkte, die wir vor drei Jahren in den Markt eingeführt haben, in Relation zum Gesamtumsatz des aktuellen Jahres. Das fordernde Ziel ist 25 Prozent Umsatz durch neue Produkte. Die letzten Jahre haben wir es vier von fünf Mal geschafft."

Phil und Sophia sahen einander verdutzt an. Sophia erholte sich als Erste: „Da haben wir noch was vor uns." Und Phil ergänzte mit dem ihm eigenen Sarkasmus: „Liebe Sophia, du wirst sehen, das wird ganz einfach."

„Ja, und dazu wünsche ich euch viel, viel Spaß! Ist es nicht toll, als Erste einen neuen Weg zu gehen", verabschiedete sich Rainer.

Phil bat Sophia, dass er das erstmal verdauen dürfe. Sie war froh über diesen *Highway der Bequemlichkeit*, in Vorfreude auf ein entspannendes Getränk im Kaffeehaus: „Komm, Phil, gehen wir rüber. Und lassen wir dort diesen interessanten Tag ausklingen. Vielleicht sehen wir Laetitia."

## WOCHE 2, TAG 7

„So, meine Lieben, einen schönen guten Morgen wünsche ich euch. Euer letzter Tag! Ich werde gerade sentimental. Ihr seid mir ans Herz gewachsen. So früh wart ihr noch nie da. Das passt zum Thema. eure heutige Gesprächspartnerin möchte gerne in ihrem Büro mit euch sprechen. Sie heißt Ulli, und sie ist bei uns dafür bekannt, dass sie sehr gewissenhaft und zuverlässig ist. Sie erwartet euch schon. Dritte Türe rechts, Blick in den Hinterhof, sehr ruhig. Damit ihr euch einstimmen könnt, geb ich euch schon hier die Karte."

Und Sigrid las vor:

# Nur unerledigte
# Arbeit macht müde.

Und sie las ebenfalls laut mit glucksendem Lachen die Rückseite der Karte vor:

## Pflichtbewusst sein.

„Nun, das kann ja heiter werden. Ich bin gespannt, wie Ulli uns diesen Spagat zwischen Pflicht und Freude verklickern möchte", sagte Phil hämisch grinsend.

Bei Sophia kamen gerade Begeisterung und Erleichterung auf: „Ach du meine Güte, wenn es nur gelingen möge, lieber Phil."

Das Zimmer von Ulli entsprach der Erwartung von Phil und Sophia. Es war nüchtern eingerichtet, und auf dem Schreibtisch stand nur ein PC , neben dem links ein Blatt lag.

„Ulli, wirst du auch über Zuverlässigkeit reden?", fragte Sophia aus gutem Grund.

„Wie kommst du auf dieses Thema?", reagierte Phil etwas beleidigt. „Mich interessiert mehr, wie Pflicht Spaß oder Freude erzeugen kann", drängte er.

„Bei uns kamen auch Zweifel auf. Stärker noch, einige reagierten mit großem Widerstand, sogar mit Abscheu. Peter stand – wie er später erklärte – vor einer Standardsituation bei dieser Fähigkeit zur Freude, er musste wie jedes Mal diesen Einwand überwinden", antwortete Ulli.

„Für mich ist sehr interessant, dass es bei den bisher behandelten Themen zwar auch Hürden gegeben hat, aber keinen echten Widerstand", überlegte Sophia. „Hol uns, vor allem meinen lieben Phil, bitte ab! Es kann und darf doch nicht sein, dass wir beim letzten Thema den Glauben an euer Programm verlieren", zeigte auch Sophia Widerstand.

„Wie geht's euch, wenn ihr eine Arbeit nicht macht, die zu machen ist? Wenn ihr sie aufschiebt und im elektronischen Kalender einfach auf einen anderen Tag verschiebt? Das erleichtert euch wohl", argumentierte Ulli.

Phil und Sophia nickten unisono.

„Und wenn du das mit demselben Termin mehrmals machst, wie geht's dir dann? Erlebst du nach dem zehnten Mal auch noch Erleichterung? Wenn dem so ist, dann hast du kein Gewissen. Und folglich auch keine Gewissensbisse. Dein Gewissen beißt nicht, du bekommst keine Schuldgefühle. Gewissensfreiheit ist übrigens der Indikator für einen Psychopathen. Jeder psychisch und sozial gesunde Mensch jedoch spürt einen gewissen Druck. Ein kleines oder auch ein größeres Gefühl von Schuld. Und an der Stelle verstehe ich schon euren Widerstand bei diesem Thema: Wenn wir das Wort *Pflicht* hören, dann springt unser Gefühlshirn nicht in einem Reflex auf Lust an. Libidinöse Hormone werden nicht freigesetzt. Das Wort *Pflicht* erzeugt nicht Freude, kein Wohlgefühl wie die ‚schönen Worte' *Sinn, Würde, Aufrichtigkeit, Vertrauen, Füreinander, Ermutigen, Flow, Innovation, Fehlertoleranz. Pflichtbewusstsein* kommt den Begriffen *Kritikfähigkeit* und *Konfliktfähigkeit* aber emotional schon ganz schön nahe."

„Ja, diese drei Fähigkeiten fordern uns ganz schön. Du hast mich noch nicht abgeholt, ich sehe den Zusammenhang mit Freude immer noch nicht", wehrte sich Phil, der nun auch seinen gesunden Menschenverstand als Abwehr einbrachte. „Schon der gesunde Menschenverstand sagt mir doch, dass Belastendes nicht Freude erzeugen kann. Belastung erzeugt Stress, und zwar den ungesunden Disstress", meinte Phil mit einer Spur von Triumph in der Stimme. Er fühlte sich auf der Straße der Sieger. Das argumentative Schachmatt von Ulli lag klar vor ihm.

„Wie geht's dir, Phil, wenn du eine Arbeit erledigt hast? Wohl gut", wartete Ulli auf eine Reaktion. Vergeblich. „Du sprichst wohl nicht mehr mit mir."

Nach längerem Schweigen antwortete Phil kleinlaut: „Ja, ich fühle mich dann gut."

„Und wenn die Arbeit, die du erledigt hast, sehr unangenehm war, dann fühlst du dich danach wohl wahrscheinlich noch besser als bei einer normalen Routinearbeit", zog Ulli den Turm auf das Feld g1 als Vorbereitung zum Schachmatt von Phil, dessen König auf h3 stand.

Sophia wollte die durch die aufgekommene Stille ungute Atmosphäre auflösen: „Phil, ist das nicht bestechend?"

„Ja, bestechend einfach, willst du wohl sagen."

Auch Ulli merkte, dass noch etwas fehlte, um Phil „abzuholen", um ihn auch emotional zu erreichen. Rational hatte er schon akzeptiert: König auf h3, Turm auf g1, schachmatt in einem weiteren Zug. Das war ihr jedoch zu wenig: „Du spürst Druck, wenn du Pflicht hörst."

„Ja, ich höre meinen Vater. ‚Solange du deine Füße unter meinem Tisch stehen hast, tust du, was ich sage.'"

Und Sophia hatte auch was auf Lager: „‚Er hat ja nur seine Pflicht erfüllt.' Das klingt nach einer der preußischen Tugenden: Pünktlichkeit, Ordnung, Sauberkeit, Gehorsam. Ein gehorsamer Mensch erfüllt seine Pflicht. Phil, auch für mich ist das noch zu verdauen, aber ich hab's schon gekaut. Ich spüre die Freiheit, das weite Land nach der Enge, nach dem Nadelöhr. Du kennst doch auch das Gleichnis: ‚Eher geht ein Kamel durch ein Nadelöhr, als dass ein Reicher in das Reich Gottes gelangt.' Wir können *ein Reicher* ersetzen durch *ein Fauler*."

„Verstanden und auch begriffen. Es geht also wieder einmal um den inneren Schweinehund", seufzte Phil laut.

„Ja, seufzen tut gut, dann musst du nicht mehr so viel jammern", sagte Ulli lachend. „Dann hätten wir, so glaube ich, die Fähigkeit des Pflichtbewusstseins auch in der Kiste."

Phil wollte von Ulli jedoch noch eine Frage beantwortet haben: „Erinnerst du dich noch an den Seitenhieb von Sophia auf mich: ‚Ulli, wirst du auch über Zuverlässigkeit reden?'"

„Gerne nehmen wir noch so eine Spezialform von *gehorchen* und *Pflicht erfüllen* unter die Lupe. Es geht also darum, dass jemand seine Pflicht zuverlässig erfüllt, dass er sie gehorsam zu erfüllen hat. *Zuverlässig* ist hier für uns jemand, der seine Leistung inhaltlich und terminlich so abliefert, wie vereinbart. Oder – sobald er weiß, dass er die Vereinbarung nicht erfüllen kann – sofort bekannt gibt, dass er entweder inhaltlich oder terminlich den Vertrag nicht einhalten kann. Der gilt hier bei uns auch noch als zuverlässig. Die Karte dazu habt ihr schon bei der Konfliktfähigkeit erhalten: *Wir halten, was wir versprechen.* Spürt ihr, wie Pflichtbewusstsein dazu beiträgt, dass es uns miteinander gut geht. Dass wir dadurch auch das Füreinander erfüllen können. Und wie Pflichterfüllung nicht nur das Zutrauen sichert, sondern dass wir einander sogar vertrauen. Es hilft uns, dem anderen zu glauben. Und vielleicht sogar noch wichtiger: dass ich mir vertraue, den inneren Schweinehund zum Freund und ihn so leichter träge und gefügig mache." Und Ulli signalisierte, dass sie dachte, ihre angenehme Pflicht erfüllt zu haben. „Passt das so?"

Phil und Sophia nickten und bedankten sich für diese „erteilte Lektion": „Wir danken dir, und bleib gesund, Ulli."

„Ich danke auch euch, und nun noch das Allerwichtigste", und sie überreichte ihnen eine Karte:

## Bleibt sozial gesund.

Sigrid kam auf sie zu und sagte ihrer Art entsprechend: „Ich werde gerade traurig, ihr werdet uns fehlen. Denn wer darf schon erleben, dass sich jemand für seine Unternehmenskultur interessiert und dafür auch mehr als eine Woche investiert. So, und bevor mir noch die Tränen der Freude runterkullern, Peter und Johannes würden euch gerne in zwei Stunden treffen. Quasi zum High Noon. Also, bleibt sozial gesund. Alles Gute", drückte Sigrid beide kräftig an sich.

„Wow, das Oxytocin schießt mir ein", bedankte sich Sophia auf ihre Weise.

Und Phil, nun gar nicht mehr nüchtern und zweifelnd wie üblich: „Ich verspreche dir, Sigrid, ich werde ein Pygmalion. Danke dir für all deine Fürsorge und Begeisterung. Bleib so, wie du bist. Und bleib vor allem ein Role Model für soziale Gesundheit. CSR aus deinem Mund klingt wirklich glaubwürdig!"

## Freude erzeugt eine Aufwärtsspirale.

Dieses Schild an der Türe zu Peters Büro war neu.

Und im Foyer stand diese Skulptur einer mannshohen Aufwärtsspirale mit den Worten *FREUDE ERFOLG FREUDE,* die wie in einem Aufwind nach oben schwebten.

„Hi, wie gefällt euch eigentlich unsere Aufwärtsspirale? Ihr seid schon einige Male an ihr vorbeigegangen, doch wart ihr wohl immer zu sehr in eure Gedanken versunken. Bill Gates, der in seinem Buch ‚Der Weg nach vorn‘ von negativen und positiven Spiralen spricht, brachte uns auf diese Idee. Zitat: ‚Der Erfolg beruhte teilweise auf der *positiven Spirale,* wie ich sie nenne.‘ Bill Gates sagt jedoch auch: ‚Umgekehrt können Firmen aber auch in eine negative Spirale geraten. Eine Firma, die in einer positiven Spirale ist, wirkt zukunftsorientiert, während eine, die in einer negativen Spirale ist, den Eindruck macht, zum Scheitern verurteilt zu sein … Führer, die eine negative Spirale umkehren konnten, verdienen höchste Anerkennung. Deshalb wollen wir alles tun, um die Kräfte des Aufwinds zu verstärken.‘ Zitat Ende. Diese Plastik wird uns jedes Mal daran erinnern, was Freude und Erfolg schaffen können.“ Und dem Ritual entsprechend gab Peter Sophia eine Karte, auf der geschrieben stand:

# Freude erzeugt eine Aufwärtsspirale.

Sophia drehte die Karte um und las laut vor:

# *Freude Erfolg Freude.*

„Bill Gates hat recht: Peter, du verdienst höchste Anerkennung", meinte Sophia mit Ernst in der Stimme. Peter wollte abwehren, wurde jedoch von Phil unterbrochen:

„Wir sind tief beeindruckt von eurer Arbeit als *Kollegiale Berater*, von der wunderbaren Stimmung in dieser Firma, von der Freude, die dort eingepflanzt worden ist, und davon, wie sie von selbst weiterwächst. Du hast mir eine ganz neue Perspektive geschenkt. Ich bin dir sehr dankbar."

Und Sophia hakte sich bei Peter ein: „Und wir würden uns noch sehr gerne bei all den anderen bedanken, die uns in das sozial gesunde Miteinanderumgehen einführten – in die gute Arbeit. In ihr Kraftfeld."

„Das wird dir gleich möglich sein", sagte Peter, als die Türe zum großen Besprechungsraum aufging und die ‚Ode an die Freude' von Ludwig van Beethoven erklang. Und auf der Videowall war die große Bahnhofshalle zu sehen, in der unter den Klängen der ‚Ode an die Freude' ein Flashmob inszeniert wurde. Als Erste trat Sigrid, die begeisterte Botschafterin für die Freude-Kultur, ein, gefolgt von Andreas, der Phantombilder aufspürt; danach kamen Teresa, der es wichtig ist, das Gesicht des anderen zu wahren, und Peter, der wissen will, wozu er etwas macht. Dann trat David auf, der sich so stark macht für die verschiedenen Aspekte des Füreinander und der Dankbarkeit, gefolgt von Jana, die Jagd macht auf das Gute, die ermutigt und Vertrauen aufbaut. Die Musik Beethovens unterstrich den FLOW von Florian sehr stimmig, und dann trat Claude auf, dem es wichtig ist, Konflikte sofort anzusprechen und sie somit zeitnah zu lösen. Und Michael, der Vorwürfe aus seinem Sprach-„Schatz" eliminiert hat und an Stelle dessen gewalt-freie Kommunikation pflegt, trat nach vorn, gefolgt von Rainer, der neue Wege angstfrei beschreitet und für die Prämierung des „Fehlers des Monats" sorgt, und Ulli, die Freude erlebt, weil sie ihre Pflicht tut. Last but not least trat Johannes, der Coach, hinzu.

Und dann kam der Überraschungsgast Laetitia, die laut rief: „It's all about relations", und bekannt gab, dass sie sowie ihre Kollegin und ihre Kollegen ihre Firma geschlossen verlassen würden und gerne in die Firma, in der man mit Freude arbeitete, aufgenommen werden würden.

Applaus brandete hoch! Alle waren da!

Und bevor unsere Philo-Sophen etwas sagen konnten, begannen alle ihr Firmenlied zu singen:

# *We shall overcome*

Sophia kämpfte mit den Tränen – natürlich Tränen der Freude. Warum drehte wohl Phil seinen Kopf zur Seite?

Hier noch die Lyrics zu dem Lied:

*We shall overcome*
*We shall overcome*
*We shall overcome, some day*

*Oh, deep in my heart*
*I do believe*
*We shall overcome, some day*

*We'll walk hand in hand*
*We'll walk hand in hand*
*We'll walk hand in hand, some day*

*Deep in my heart*
*Oh, deep in my heart*
*I do believe*
*I do believe*
*We shall overcome, some day*
*We shall overcome, some day*

*We shall live in peace*
*We shall live in peace*
*We shall live in peace, some day*

*Oh, deep in my heart*
*I do believe*
*We shall overcome, some day*

Privat

## *Peter Gruber*

ist Unternehmensberater für Unternehmenskultur.
Er selbst bezeichnet sich als Unternehmenskultur-Arbei-
ter: „Ich berate nicht. Ich arbeite mit den Menschen."

Und hätte Epiktet, der Stoiker, nicht gesagt *Wer sich
selbst als Philosoph bezeichnet, ist keiner,* würde er sich
als Wirtschaftsphilosoph bezeichnen, der in Entscheidungssituationen Werte, Normen und Regeln praktisch
macht.

Als Coach und Verhaltenstrainer will er dazu beitragen, dass Menschen mit Freude arbeiten. Sein Leitsatz:
„Es soll uns gut gehn."

Seit 25 Jahren arbeitet er dazu in 150 österreichischen,
deutschen, französischen, Schweizer und Südtiroler
Unternehmen mit mehr als 15.000 Menschen. 20 Jahre
als Manager und Führungskraft bildeten die Basis für
seinen Weg als „Kulturarbeiter".